Reliure serrée

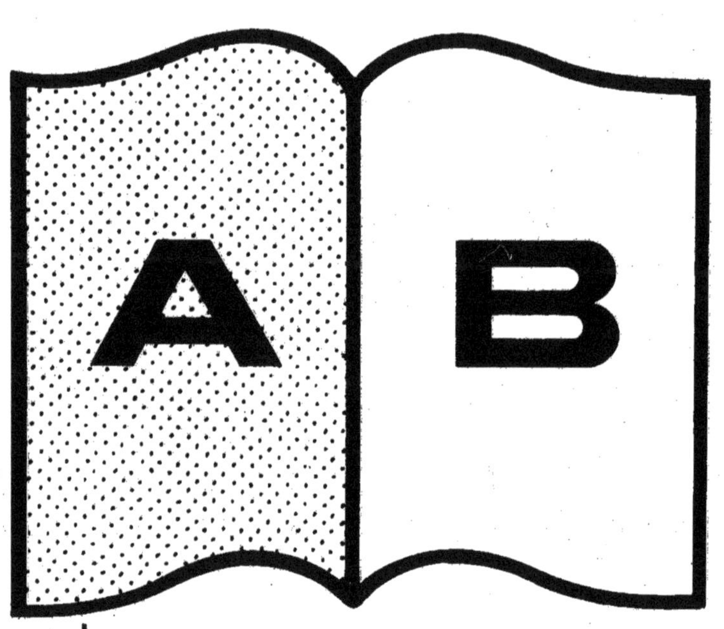

Contraste insuffisant

NF Z 43-120-14

[PUBLIC]ATION DE LA SECTION HISTORIQUE DE L'ÉTAT-MAJOR DE L'ARMÉE

ORGANISATION ET TACTIQUE DES TROIS ARMES

L'Artillerie Française

AU XVIIIe SIÈCLE

PAR

Le Commandant breveté Ernest PICARD

et

Le Lieutenant Louis JOUAN

ATTACHÉ A LA SECTION HISTORIQUE

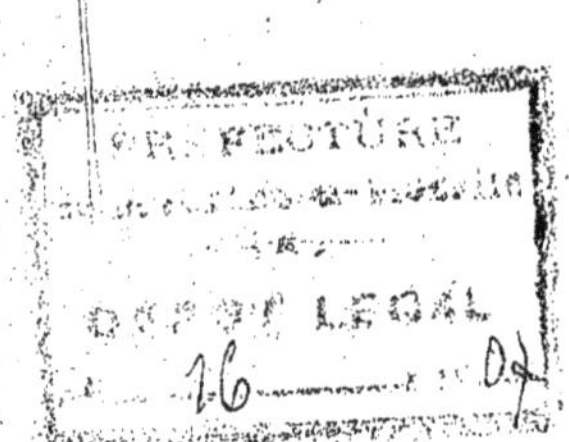

BERGER-LEVRAULT & Cie, ÉDITEURS

PARIS
5, RUE DES BEAUX-ARTS, 5

NANCY
18, RUE DES GLACIS, 18

1906

L'Artillerie Française

AU XVIIIe SIÈCLE

PUBLICATION DE LA SECTION HISTORIQUE DE L'ÉTAT-MAJOR DE L'ARMÉE

ORGANISATION ET TACTIQUE DES TROIS ARMES

L'Artillerie Française

AU XVIIIe SIÈCLE

PAR

Le Commandant breveté Ernest PICARD

et

Le Lieutenant Louis JOUAN

ATTACHÉ A LA SECTION HISTORIQUE

BERGER-LEVRAULT & Cie, ÉDITEURS

PARIS
5, RUE DES BEAUX-ARTS, 5

NANCY
18, RUE DES GLACIS, 18

1906

L'Artillerie Française

AU XVIIIe SIECLE

CHAPITRE I

LE PERSONNEL

§ 1 — Le personnel de l'artillerie pendant les dernières années du règne de Louis XIV

Avant 1668, l'artillerie ne possédait comme personnel permanent que les cadres qui comprenaient : le grand-maître et son lieutenant-général, représentant le commandement; le contrôleur général et ses onze commis-directeurs, représentant l'administration; le garde général et ses onze commis, spécialement chargés de l'emmagasinement et de l'entretien du matériel ; vingt-quatre commissaires ordinaires, véritables officiers supérieurs de l'arme, et deux cents canonniers ou bombardiers appointés dont les fonctions étaient celles de chefs de pièces ou de batteries et qui étaient répartis dans les places fortes du roi.

Au début d'une campagne, le grand-maître de l'artillerie donnait, à ses canonniers et à ses officiers appointés, des commissions pour lever des soldats de complément, canonniers et pionniers, présentant les capacités et les garanties requises, et en nombre suffisant pour assurer le service de tous les canons disponibles. Ce nombre était calculé suivant les calibres, entre cinq canonniers et trente pionniers pour les plus grosses pièces, et deux canonniers et deux pionniers pour les plus petites. A la paix, tout le personnel extraordinaire était licencié.

Le rôle des canonniers et pionniers était limité au service des pièces, à l'exclusion du combat corps à corps. La garde du matériel d'artillerie au camp et à la bataille était confiée à des troupes spéciales, en général Suisses ou lansquenets. Dans les sièges, les travaux de sape pour la protection des batteries étaient exécutés par des troupes d'infanterie.

Première formation permanente (1668). — A la fin de 1668, après que l'armée royale eut remporté ses grands succès sur les places de Flandre et pris Besançon, Louis XIV, au lieu de renvoyer ses canonniers et bombardiers appointés dans leurs garnisons et de licencier le personnel extraordinaire de l'artillerie, les retint sur pied et en forma six compagnies permanentes, quatre de canonniers et deux de bombardiers.

Cette première formation, insuffisamment préparée, fut éphémère, mais elle marque une étape vers l'organisation nouvelle qu'avaient réclamée Louvois, Colbert et Vauban, et qui allait amener la création du Corps-Royal d'artillerie.

Création du régiment des fusiliers du roi. — En 1671, fut créé le régiment des fusiliers du roi, qui avait pour objet la garde et le service de l'artillerie. Son nom venait de son armement alors tout nouveau, qui consistait en fusils (au lieu de mousquets), auxquels Vauban ajouta bientôt la baïonnette.

Son effectif initial était de quatre compagnies de 100 hommes chacune : 1 compagnie de canonniers, 1 compagnie de sapeurs et 2 compagnies d'ouvriers en bois et en fer. Les officiers et les cadres provenaient des régiments d'infanterie du roi. Au moment de la campagne contre la Hollande (août 1671), ce nouveau régiment, augmenté de vingt-deux compagnies, fut divisé en deux bataillons, comprenant chacun douze compagnies de fusiliers et une de grenadiers, tous bons tireurs et aptes aux services accessoires de l'artillerie.

Les fusiliers du roi se rendirent si utiles pendant toute cette guerre, soit isolément, soit comme soutiens d'artillerie, soit même comme canonniers, qu'en 1667, on augmenta leur effectif de quatre nouveaux bataillons de quinze compagnies chacun.

A la paix de Nimègue, en 1678, le sixième bataillon fut réformé en même temps que les effectifs extraordinaires de l'artillerie. Mais par contre le roi décida d'instituer, dans son régiment de fusiliers, six compagnies de canonniers, pouvant dans les occasions pressantes suppléer aux canonniers de profession.

Création du régiment des bombardiers. — En 1676, deux compagnies permanentes de bombardiers, distinctes du régiment des fusiliers, avaient été créées par Louvois pour le service spécial des bombardes et pièces de siège. En 1684, le roi leur adjoignit dix nouvelles compagnies, tirées à la fois du régiment des fusiliers du roi et de quatre des vieux régiments d'infanterie royale. Ainsi fut créé le régiment royal des bombardiers, porté en 1686 à l'effectif de quatorze compagnies, puis réduit à treize. Ses compagnies étaient en temps de paix affectées à la garnison des places frontières.

Création des mineurs. — La première compagnie de mineurs fut créée en 1679 à l'effectif de 80 hommes. Le roi en forma une seconde en 1695 et deux nouvelles en 1706, toutes rattachées à l'artillerie et commandées par des officiers de cette arme.

Formation du régiment Royal-Artillerie (1693). — Six nouvelles compagnies de canonniers furent créées en 1689, au régiment des fusiliers du roi, et jointes aux six anciennes créées en 1679. Les soldats furent fournis par les vieux corps d'infanterie, les officiers par le régiment des fusiliers du roi. A partir de cette époque les compagnies de canonniers furent regardées comme détachées du régiment des fusiliers.

En 1691, tous les bataillons de l'infanterie ayant été mis à treize compagnies, ceux des régiments des fusiliers du roi furent réorganisés à 55 hommes et l'excédent permit de rétablir le sixième bataillon supprimé en 1679. Les compagnies d'ouvriers étaient réparties de la façon suivante : deux dans le premier bataillon, une dans le deuxième et une dans le troisième. Le nombre des soldats entretenus à cette époque pour le service de l'artillerie était de 6480.

En 1693, enfin, le régiment des fusiliers du roi prit le nom de *régiment Royal-Artillerie.* En 1695, les douze compagnies de canonniers détachées y furent incorporées, et les six compagnies de grenadiers devinrent compagnies de canonniers.

Ainsi les troupes de l'artillerie se différenciaient définitivement de celles de l'infanterie, dont elles avaient fait partie jusqu'alors. En raison de leur destination spéciale, on leur donnait également un recrutement particulier. Il fut interdit d'y engager désormais d'autres hommes que des ouvriers d'état.

En 1698, à la paix de Ryswick, le régiment Royal-Artillerie fut réduit à quatre bataillons, et ce n'est qu'en 1706 qu'on le renforça d'un cinquième bataillon. Dans les guerres de la succession d'Espagne, chacun des bataillons de Royal-Artillerie, répartis entre les différentes armées du roi, eut sa part de gloire qui est devenue l'héritage des régiments d'artillerie sortant plus tard de chacun d'eux.

En 1706, une *compagnie franche de canonniers* fut levée pour la défense des côtes de l'Océan.

En 1705, le régiment royal des bombardiers fut doublé et se composa dès lors de deux bataillons, chacun de treize compagnies de 50 hommes.

En 1703 furent créés deux directeurs généraux de l'artillerie.

Enfin, à cette époque, commence à paraître, comme nous le verrons à propos de l'organisation du matériel, la *brigade,* réunissant les canonniers d'un certain nombre de pièces de même calibre ou de même nature (canons ou mortiers), formation de manœuvre et de campagne correspondant à la batterie d'aujourd'hui, mais nullement unité administrative.

Situation du Corps-Royal en 1710. — A cette époque, le *Corps de l'artillerie* était composé du grand-maître (le duc de Maine, dernier titulaire : 1710-1755), de 60 lieutenants du grand-maître (rang d'officiers généraux ou supérieurs), de 60 commissaires provinciaux (rang de capitaines en premier), de 60 commissaires extraordinaires et capitaines de charrois et de 80 canonniers ou bombardiers brevetés et officiers-pointeurs (rang de lieutenants) attachés aux places, aux manufactures ou aux écoles d'artillerie.

C'était un corps d'officiers sans troupe, plus instruits en général que la moyenne des officiers de troupe. Ils s'étaient rendus si utiles à tous les besoins particuliers du service de l'arme que Vauban avait obtenu pour eux (1693) des grades réels, au lieu de l'ancienne assimilation, et la faculté de devenir officiers généraux d'infanterie.

Les effectifs de l'artillerie comprenaient en 1710 :

Corps-Royal de l'artillerie. .	»	soldats	321	officiers
Régiment Royal-Artillerie. .	3 790	—	270	—
Régiment royal de bombardiers	1 300	—	80	—
Compagnies de mineurs. . .	340	—	20	—
Canonniers des côtes	200	—	6	—
	5 630	soldats	697	officiers

Réduction du personnel. — Le 30 août 1715, deux ordonnances du roi supprimaient le cinquième bataillon du régiment Royal-Artillerie et le deuxième bataillon du régiment de bombardiers. Une compagnie de mineurs était licenciée la même année.

En 1716, les deux directeurs généraux de l'artillerie étaient supprimés, et, le 4 février de la même année, les quatre bataillons du régiment Royal-Artillerie étaient réduits à huit compagnies chacun au lieu de quinze (1 d'ouvriers, 3 de canonniers et 4 compagnies ordinaires). L'effectif des compagnies était de 40 hommes. Le 8 février, le régiment de bombardiers était réduit à neuf compagnies également de 40 hommes chacune.

Les troupes de l'artillerie en 1720 ne dépassaient pas 2 000 hommes, y compris quelques compagnies spéciales maintenues après la paix de 1714.

Grand-Maître de l'artillerie. — Le service de l'artillerie était centralisé entre les mains du « grand-maître ». Celui-ci possédait l'autonomie la plus complète et dirigeait même une justice royale établie à l'arsenal, à Paris, qui sous le nom de bailliage de l'artillerie était appelée à connaître, pour toute la France, de toute matière civile ou criminelle concernant l'artillerie.

L'organisation du personnel, la constitution du matériel et l'ordonnancement des payements de toutes sortes relatifs à l'artillerie étaient faits, sous la direction du grand-maître, par trois offices de trésorerie générale de l'artillerie sur lesquels s'exerçait le contrôle du *contrôleur général des recettes des trésoriers généraux de l'artillerie.* Ses fonctions furent précisées par une déclaration du roi du 21 juillet 1716. Les trois offices de trésoriers généraux de l'artillerie furent réunis en un seul en 1717.

Officiers du Corps-Royal et du régiment Royal-Artillerie. — Il y avait en 1720 séparation complète entre les officiers du Corps-Royal et ceux du régiment Royal-Artillerie. Ces derniers n'étaient pas chargés de la manœuvre du matériel et, pour le combat, abandonnaient le commandement de leurs unités aux officiers du Corps-Royal.

Cette situation donnait lieu à de nombreuses difficultés. Une ordonnance de 1695 avait bien imposé aux officiers du régiment l'obligation de se pourvoir d'une commission du grand-maître, ce qui était un premier pas vers l'unification, mais de nombreuses rivalités avaient continué à se produire. Cette situation et les difficultés d'avancement des officiers des compagnies spéciales rendaient urgente une refonte de cette organisation.

§ 2 — Personnel de l'artillerie, de Vallière à Gribeauval (1720-1765)

a) DE 1720 A 1755

Le ministre n'avait encore d'action directe que sur les troupes affectées au service de l'artillerie, mais la détention du duc du Maine lui ayant fait attribuer l'intérim de la grande maîtrise (décembre 1718-juin-1721), il en profita pour faire un pas décisif dans l'unification des deux corps d'officiers qui existaient alors [1].

1720. — Une ordonnance royale du 5 février 1720, élaborée par M. de Vallière [2], prescrivit en effet que toutes les compa-

1. DE MAUNY, *Le Corps de l'artillerie de France.* (*Revue d'Artillerie*, t. 46, p. 289.)
2. De Vallière (Jean-Florent), né à Paris le 7 décembre 1667, entra en 1685 dans les

gnies qui composaient le régiment royal de bombardiers, toutes celles de canonniers, soit franches ou séparées, et toutes celles de mineurs seraient incorporées dans le régiment Royal-Artillerie.

Le nouveau régiment comprenait cinq bataillons de huit compagnies de 100 hommes : soit en tout 4 000 hommes.

Une compagnie était composée de : 1 capitaine en premier, 1 capitaine en second, 2 lieutenants, 2 sous-lieutenants, 4 sergents, 4 caporaux, 4 anspessades, 2 cadets, 2 tambours et 84 soldats.

Chaque compagnie était divisée en trois escouades : la première comprenait 2 sergents, 2 caporaux, 2 anspessades, 18 canonniers ou bombardiers et 24 apprentis ; la deuxième comprenait 1 sergent, 1 caporal, 1 anspessade, 9 mineurs et 12 apprentis ; la troisième comprenait 1 sergent, 1 caporal, 1 anspessade, 9 ouvriers en fer ou en bois et 12 apprentis.

L'état-major de chaque bataillon se composait de : 1 lieutenant-colonel, 1 major, 1 aide-major, 1 aumônier et 1 chirurgien-major.

« Il ne sera mis à la tête de ces bataillons, dit une autre ordonnance de la même date, soit pour lieutenant-colonel, capitaine ou major, que des gens élevés dans le corps et qui se soient rendus capables par les écoles et leurs expériences dans les différentes fonctions que leurs emplois demandent, afin que le même homme puisse servir à placer et à commander également les batteries de canons et de mortiers, conduire les mines et les sapes. »

Ces cinq bataillons furent envoyés à La Fère, Metz, Strasbourg, Grenoble et Perpignan. Une école d'artillerie permanente fut établie dans chacune de ces places.

---

cadets d'artillerie. Nommé commissaire extraordinaire en 1688, commissaire ordinaire en 1692, il s'occupa beaucoup de l'étude de la poudre et de ses effets. Devenu capitaine des mineurs en 1699, il assista à de nombreux sièges et batailles en Flandre et en Italie et fut plusieurs fois blessé. Brigadier des armées du roi après le siège d'Aire, maréchal de camp en 1719, il devint directeur général de l'artillerie en 1720, membre de l'Académie des sciences en 1731. commanda plusieurs fois les équipages de campagne dans les guerres du milieu du dix-huitième siècle. Il mourut en 1759.

Son fils, de Vallière (Joseph-Florent), né à Paris en 1717, succéda à son père comme directeur général de l'artillerie et du génie en 1755, et mourut le 6 janvier 1776.

Le recrutement des officiers était assuré par le corps des cadets. Ceux-ci, au nombre de deux par compagnie, suivaient les cours de l'école d'artillerie locale. A la suite de ces écoles, se trouvait un corps de volontaires sans appointements qui après avoir suivi les cours pouvaient devenir officiers-pointeurs.

Mais le Corps-Royal de l'artillerie était maintenu à part. Ce corps, qui assurait en temps de paix les services des arsenaux, manufactures, etc., encadrait en temps de guerre les équipages de campagne et de siège.

Chacun des treize départements de l'artillerie [1] était commandé par un lieutenant-général d'artillerie (colonel, maréchal de camp, lieutenant-général des armées). Dans chaque département se trouvaient un certain nombre de lieutenants provinciaux, de commissaires provinciaux, de commissaires ordinaires, de commissaires extraordinaires et d'officiers-pointeurs.

Une ordonnance royale assimila en 1722 les officiers des deux corps de l'artillerie : les lieutenants-colonels aux lieutenants provinciaux, les capitaines aux commissaires provinciaux, les lieutenants aux commissaires extraordinaires et les sous-lieutenants aux officiers-pointeurs et donna le même uniforme à tous les officiers de l'arme.

1728. — En 1728, une ordonnance interdit d'enrôler des étrangers dans le régiment Royal-Artillerie.

1729. — Le 1er juillet 1729, de nouvelles modifications furent apportées dans l'organisation des bataillons d'artillerie. Chacun d'eux fut désormais composé de huit compagnies (1 de sapeurs, 5 de canonniers et 2 de bombardiers). L'effectif de chacune de ces compagnies était de 70 hommes. Le nombre des officiers était réduit à cinq, par la suppression du capitaine en second de chaque compagnie (d'ailleurs rétabli un an plus tard, par ordonnance du 26 août 1730), ce nombre paraissant suffisant pour commander 70 hommes.

---

1. Ile-de-France, Picardie, Flandre-Hainaut-Boulonnais et Soissonais, Trois-Évêchés et Lorraine, Champagne, Alsace-Bourgogne, Dauphiné-Provence, Lyonnais et Beaujolais, Roussillon et Languedoc, Guyenne-Gascogne-Aunis, Bretagne, Touraine-Anjou-Maine, Normandie.

Chaque compagnie comprenait : 18 sapeurs, ou bombardiers ou canonniers, 36 apprentis et 16 gradés et tambours.

Il était en outre formé cinq compagnies d'ouvriers et cinq compagnies de mineurs pour servir séparément ou avec lesdits bataillons.

Chaque compagnie de mineurs était composée de 50 hommes et 5 officiers : 1 capitaine, 2 lieutenants, 2 sous-lieutenants, 3 sergents, 3 caporaux, 3 anspessades, 2 cadets, 16 mineurs, 22 apprentis et 1 tambour.

Chaque compagnie d'ouvriers était composée de 40 hommes et 2 officiers : 1 capitaine chef d'ouvriers, 1 lieutenant, 3 maîtres ouvriers, 3 sous-maîtres ouvriers, 25 ouvriers, 8 apprentis et 1 tambour. Les officiers de ces dernières compagnies étaient placés sur le même rang que les officiers du Corps-Royal, au même titre que les officiers du Royal-Artillerie. Les hommes de ces compagnies portaient un uniforme différent de celui de ce dernier corps.

La compagnie des sapeurs était chargée du travail de sape, les compagnies de canonniers du service des canons, celles des bombardiers du service des mortiers. Les compagnies de mineurs conservaient le même emploi que par le passé : l'attaque des mines. Les compagnies d'ouvriers étaient destinées à exécuter les travaux en fer ou en bois, aux arsenaux dans les places, et dans les parcs à la guerre, en un mot les ouvriers d'artillerie étaient chargés de tous les travaux du service de l'artillerie.

Le corps de l'artillerie se trouva par suite réduit à 3 250 hommes, au lieu de 4 000, et 581 officiers :

Royal-Artillerie	225	officiers	2 800	hommes
Mineurs	25	—	250	—
Ouvriers	10	—	200	—
Corps-Royal	321	—	»	—
	581	officiers	3 250	hommes

1731. — Une ordonnance du 20 octobre 1731 accorda des faveurs particulières et réserva les différents grades de sous-officiers aux apprentis du Royal-Artillerie qui consentaient à rengager pour une nouvelle période de six années, à l'expiration de leur premier engagement.

1734. — En 1734, une sixième compagnie d'ouvriers fut créée pour le service de l'artillerie à l'armée d'Italie, avec la même composition que les cinq autres.

Cette sixième compagnie fut supprimée le 31 août 1736.

1743. — L'ordonnance royale du 30 septembre 1743 porta à 100 hommes l'effectif de chacune des quarante compagnies du régiment Royal-Artillerie. Chaque compagnie comprenait le même nombre d'officiers que précédemment et était composée de 4 sergents, 4 caporaux, 4 anspessades, 84 sapeurs, canonniers ou bombardiers, et 2 tambours.

Les 84 bombardiers étaient divisés en 16 artificiers bombardiers et 68 bombardiers. L'effectif des troupes d'artillerie se trouva par suite porté, au total, à 4 450 hommes.

1745. — Le 10 août 1745, l'effectif des cinq compagnies de mineurs fut fixé à 75 hommes chacune, et celui des cinq compagnies d'ouvriers à 60 hommes.

1747. — Le 1er juillet 1747, une nouvelle ordonnance royale augmenta de deux compagnies de 100 hommes, l'une de canonniers, l'autre de bombardiers, chacun des cinq bataillons du Royal-Artillerie : l'effectif du régiment fut ainsi porté à 5 625 hommes.

1748. — En 1748, les troupes d'artillerie comprenaient, à la suite d'augmentations diverses :

Royal-Artillerie.	275 officiers	5 000 hommes
Mineurs	30 —	435 —
Ouvriers.	10 —	320 —
Corps-Royal	321 —	» —
	636 officiers	5 755 hommes

Mais ces effectifs ne furent pas longtemps maintenus,

1749. — Le 10 janvier 1749, le régiment Royal-Artillerie fut de nouveau réduit. Les cinq bataillons devaient être composés de dix compagnies de 72 hommes, les cinq compagnies de mineurs de 60 hommes, et les cinq compagnies d'ouvriers de 40 hommes. Les cadres restaient les mêmes. L'effectif total des troupes d'artillerie n'était plus par suite que de 4 100 hommes.

1753. — L'état des officiers du corps de l'artillerie de 1753 présente une légère augmentation : le Corps-Royal se composait, au commencement de 1753, de 340 officiers, savoir :

Premier lieutenant-général d'artillerie . .	1
Lieutenants-généraux d'artillerie	13
Lieutenants.	48
Commissaires provinciaux	61
— ordinaires	70
— extraordinaires.	69
Officiers-pointeurs.	78
	340

M. de Vallière, lieutenant-général des armées du roi, portait le titre de directeur général des écoles, des bataillons du régiment Royal-Artillerie, des manufactures d'armes et des forges.

b) DE 1755 A 1765

Le Corps-Royal de l'artillerie avait subsisté jusqu'à ce moment à côté du régiment Royal-Artillerie, et malgré plusieurs ordonnances, fréquemment rappelées, pour faire cesser les rivalités des officiers des deux corps, il y avait encore de nombreux froissements.

1755. — Le 1er novembre 1755, le duc du Maine donna la démission de sa charge de grand-maître et capitaine-général de l'artillerie dont il était pourvu depuis le 12 mai 1710. Le roi profita de l'occasion pour unifier le corps de l'artillerie et lui adjoignit le corps des ingénieurs, pensant réaliser des économies en confiant dans une même place le service de l'artillerie et celui des fortifications à un seul officier. Le 8 décembre 1755, une ordonnance royale décidait que :

ART. 1. — Veut Sa Majesté que les bataillons du régiment Royal-

Artillerie ([1]), les compagnies de mineurs ([2]) et d'ouvriers ([3]) qui servent à leur suite, les *officiers d'artillerie et les ingénieurs* ([4]) ne fassent dorénavant qu'un seul et même corps, sous la dénomination de *Corps-Royal de l'artillerie et du génie.*

Les lieutenants-colonels commandant les bataillons de ce corps avaient rang de colonel d'infanterie, les plus anciens capitaines rang de lieutenant-colonel. Les lieutenants du grand-maître prenaient le titre de lieutenant-colonel du Corps-Royal de l'artillerie et du génie, les commissaires provinciaux celui de capitaine en premier, les commissaires ordinaires celui de capitaine en second, et les commissaires extraordinaires et officiers-pointeurs celui de lieutenant en premier.

1756. — Les connaissances scientifiques indispensables aux officiers d'artillerie rendirent nécessaires des modifications dans le recrutement et l'instruction du corps des officiers.

Les officiers s'étaient jusqu'alors recrutés parmi les cadets (au nombre de deux par compagnie), qui suivaient les cours des écoles régionales établies au lieu de garnison de chaque bataillon.

Une ordonnance du 8 avril 1756 décida la création à La Fère d'une école nouvelle, destinée à la formation des futurs officiers d'artillerie. Les élèves, au nombre de cinquante, étaient admis à la suite d'un concours portant sur la géométrie, l'arithmétique et la mécanique statique. A la fin de l'année, après un nouvel examen, les uns étaient désignés pour les bataillons, où ils devaient continuer à suivre les cours des écoles régionales qui fonctionnaient comme par le passé. Les autres étaient envoyés à l'école de Mézières, où ils faisaient un stage de deux ans pour perfectionner leur instruction avant d'entrer dans le génie.

---

1. Les bataillons portaient alors les noms de : Soucy, Bourqueseelden, La Motte, de Chabrié, Ménonville.

2. Les cinq compagnies de mineurs s'appelaient : Beule, Douville, Châteaufer, Gribeauval, Rouyer.

3. Les cinq compagnies d'ouvriers s'appelaient : Thomassin, Guille, Saint-Vallier, Boileau, La Mortière.

4. Ceux-ci, au nombre de trois cents, avaient rang de lieutenant d'infanterie. Ceux qui se distinguaient recevaient des commissions de capitaine, des commissions de lieutenant-colonel réformé et de colonel réformé. Ils n'avaient pas droit au commandement.

La même ordonnance supprimant la grande maîtrise fit revenir l'artillerie sous la direction immédiate du secrétaire d'État chargé du département de la guerre, qui nommait un directeur général des bataillons et des écoles d'artillerie. Joseph de Vallière fut nommé directeur et inspecteur général du Corps-Royal de l'artillerie et du génie.

Le 1er décembre 1756, le Corps-Royal fut de nouveau modifié et le nombre des bataillons du régiment Royal-Artillerie porté à 6 de chacun 16 compagnies, dont 2 de sapeurs, 9 de canonniers et 5 de bombardiers. L'effectif de chaque compagnie était fixé à 50 hommes.

Chaque compagnie de sapeurs comprenait 6 officiers, 6 gradés, 43 sapeurs et 1 tambour.

Chaque compagnie de canonniers comprenait 6 officiers, 6 gradés, 43 canonniers et 1 tambour.

Chaque compagnie de bombardiers comprenait 6 officiers, 6 gradés, 8 artificiers, 35 bombardiers et 1 tambour.

L'état-major de chaque bataillon comprenait 1 colonel, 1 lieutenant-colonel, 1 major, 1 aide-major, 1 sous-aide-major, 1 aumônier et 1 chirurgien.

Il était créé en outre une sixième compagnie de mineurs et une sixième compagnie d'ouvriers ayant la même composition que celles déjà existantes.

Les écoles d'artillerie fonctionnaient dans la garnison de chaque bataillon, c'est-à-dire à La Fère, Metz, Strasbourg, Grenoble, Besançon et Auxonne.

Par suite de ces nouvelles augmentations, l'effectif du Corps-Royal de l'artillerie et du génie s'éleva à 5 400 hommes et 963 officiers.

1757. — L'organisation du personnel de l'artillerie en campagne fut réglée de la façon suivante par une ordonnance royale du 24 février 1757 :

A la formation d'un parc, un certain nombre d'officiers du Corps-Royal étaient mis aux ordres du commandant de l'équipage, pour lui être attachés pendant toute la campagne. Un d'entre eux était chargé des fonctions de commissaire du parc, et un autre du détail de l'équipage.

Un ou plusieurs bataillons d'artillerie étaient affectés à l'équipage. Les officiers et les hommes du ou des bataillons étaient ensuite répartis entre les diverses brigades de l'équipage. Il devait y avoir toujours 6 officiers par brigade. Les colonels des bataillons n'avaient plus alors à faire de service d'artillerie proprement dit, à l'exception de celui qui était choisi pour commander l'équipage. Chaque colonel continuait cependant à être chargé pour son bataillon de tout ce qui concernait le service intérieur (revues, appels, armement, habillement, etc.).

L'officier chargé du détail de l'équipage servait sous la dénomination de major de l'équipage. Il s'occupait des recettes et dépenses, de la police des employés (conducteurs, ouvriers d'état, artificiers, charretiers), de la comptabilité des munitions, du détail du service de tranchée et des batteries dans les sièges. En résumé, cet officier dirigeait tous les services du parc et toute la comptabilité du personnel et du matériel qui le composait.

En avril 1757, fut créé un commissaire général du Corps-Royal de l'artillerie et du génie et onze commissaires des guerres et du Corps-Royal, chargés de toute la surveillance administrative en temps de paix et en temps de guerre [1]. En campagne, un ou plusieurs commissaires devaient être attachés à l'équipage.

1758. — En 1758, fut créée la charge de trésorier général de l'artillerie et du génie. Le titulaire était chargé de centraliser toutes les dépenses de l'artillerie et du génie jusqu'alors réparties entre le trésorier de l'extraordinaire des guerres, celui de l'artillerie et celui des fortifications.

La fusion entre le corps des ingénieurs et les officiers du Corps-Royal, opérée en 1755, ne pouvait donner de bons résultats : on ne pouvait, en effet, avoir la prétention de transformer brusque-

1. Le commissaire général fut supprimé plus tard et les onze commissaires, portés à quinze en 1765, remis à onze en 1772, furent portés de nouveau à quinze en 1774 et à seize en 1783.

ment un artilleur en ingénieur, et un ingénieur en artilleur. Le corps des ingénieurs fut de nouveau séparé en mai 1758, et l'ordonnance spécifiait que ceux-ci « ne s'occuperont plus à l'avenir des détails de l'artillerie ». Les compagnies de mineurs et d'ouvriers et leurs officiers continuaient à faire partie du Corps-Royal de l'artillerie.

En 1758, le Corps-Royal fut de nouveau transformé, tout en étant toujours composé des officiers des bataillons, de ceux des compagnies d'ouvriers et de mineurs, et des officiers de l'ancien Corps-Royal. Mais l'ordonnance du 5 novembre 1758 les répartissait de la façon suivante :

Art. 2. — Ce corps sera désormais composé de 636 officiers, savoir : 1 directeur et 6 inspecteurs, 6 chefs de brigade, 28 colonels, 33 lieutenants-colonels, 111 capitaines en premier, 109 capitaines en second, 120 lieutenants en premier, 126 lieutenants en second et 96 sous-lieutenants, lesquels seront répartis comme il sera dit après.

Art. 3. — Les six bataillons du Corps-Royal de l'artillerie seront convertis en pareil nombre de brigades[1] composées de 800 hommes et divisées en 8 compagnies de 100 hommes chacune.

Art. 4. — Chaque brigade sera composée de 1 compagnie d'ouvriers, de 8 compagnies de canonniers et de 2 compagnies de bombardiers. Le roi prenait à sa charge le recrutement de toutes les troupes de l'artillerie, mais laissait aux capitaines d'ouvriers le soin de recruter leurs hommes.

Composition d'une compagnie d'ouvriers : 1 capitaine en premier, 2 capitaines en second, 2 lieutenants en premier, 2 lieutenants en second, 6 sergents ou maîtres-ouvriers, 6 caporaux ou sous-maîtres, 6 anspessades, 60 ouvriers, 19 apprentis et 3 tambours.

Composition d'une compagnie de canonniers : mêmes cadres que la précédente, 79 canonniers, 3 tambours.

Composition d'une compagnie de bombardiers : comme celle de canonniers.

L'état-major de chaque brigade devait être composé de 1 brigadier ou chef de brigade d'un grade quelconque, 1 colonel,

1. Ces brigades prirent le nom de leurs chefs : Mouy, d'Inviliers, de Chabrié, de la Pelletrie, de Bausire, Loyauté.

1 lieutenant-colonel, 1 major, 1 aide-major, un sous-aide-major, 1 aumônier et 1 chirurgien.

Les compagnies de sapeurs étaient réduites à 6 de 60 hommes chacune, composée de : 1 capitaine en premier, 1 lieutenant en premier, 2 lieutenants en second, 3 sergents, 3 caporaux, 3 anspessades, 50 sapeurs et 1 tambour. Le surplus des sapeurs provenant des anciennes compagnies de sapeurs servit à l'augmentation des compagnies d'ouvriers.

Les six compagnies de mineurs étaient composées chacune de la façon suivante : 1 capitaine en premier, 1 capitaine en second, 2 lieutenants en premier, 2 lieutenants en second, 4 sergents, 4 caporaux, 4 anspessades, 2 tambours, 24 mineurs et 22 apprentis.

Le premier capitaine de chaque brigade, le premier capitaine des sapeurs et le premier capitaine des mineurs avaient rang de lieutenants-colonels.

Les départements généraux de l'artillerie furent supprimés et les officiers supérieurs du corps autrefois chargés de ces départements furent remplacés par sept inspecteurs généraux, dont le premier avait le titre de directeur général, sans avoir cependant autorité sur les autres. Ils étaient chargés chaque année de l'inspection des places successivement dans chaque province, de la surveillance des arsenaux, fonderies, manufactures, approvisionnements, de l'inspection des six brigades et des écoles, enfin des détails de l'artillerie dans les places.

Toutes les places du royaume furent converties en vingt-deux directions [1], chaque direction étant administrée par 1 colonel directeur en chef, 1 lieutenant-colonel sous-directeur, 2 capitaines en premier et 2 capitaines en second (toutefois, ces derniers provenaient des compagnies de canonniers, de bombardiers ou ouvriers, où un seul devait être constamment maintenu).

Cette organisation permettait à tous les officiers de passer par les établissements d'artillerie pour faire leur instruction technique.

Un lieutenant-colonel fut placé dans chacune des quatre

1. Marseille, Lyon, Strasbourg, Perpignan, Caen, Dunkerque, Saint-Omer, Givet, Douai, La Fère, Nantes, Sedan, Bordeaux, Valenciennes, Lille, Metz, Landau, Montpellier, Huningue, La Rochelle, Auxonne, Nancy.

manufactures, avec le droit de correspondre directement avec le secrétaire d'État à la guerre.

L'école des élèves était maintenue et le nombre des sous-lieutenants à instruire dans chacune des six autres écoles de garnison fixé à seize. Tous les officiers devaient sortir des écoles et cette communauté d'origine fit cesser enfin les dernières distinctions entre les deux anciens corps.

Les officiers des brigades et ceux des compagnies de sapeurs et de mineurs roulaient entre eux pour l'avancement. Cependant, les officiers de sapeurs et de mineurs pouvaient, tout en étant promus à leur tour, être maintenus dans leurs fonctions jusqu'à ce qu'ils pussent être affectés de nouveau avec leur nouveau grade dans les dites compagnies.

1758. — En résumé, le personnel de l'artillerie, à la fin de 1758, était composé de la manière suivante :

	DIRECTEUR	INSPECTEURS	CHEFS DE BRIGADE	COLONELS	LIEUTENANTS-COLONELS	CAPITAINES EN PREMIER	CAPITAINES EN SECOND	LIEUTENANTS EN PREMIER	LIEUTENANTS EN SECOND	SOUS-LIEUTENANTS	HOMMES DE TROUPE
Inspections	1	6	»	»	»	»	»	»	»	»	»
Directions	»	»	»	22	22	44	»	»	»	»	»
Manufactures	»	»	»	»	4	»	»	»	»	»	»
Brigades d'artillerie	»	»	6	6	6	48	96	96	96	»	4 800
Sapeurs	»	»	»	»	»	6	»	6	12	»	360
Mineurs	»	»	»	»	»	6	6	12	12	»	360
Écoles	»	»	»	»	1	7	7	6	6	96	»
	1	6	6	28	33	111	109	120	126	96	5 520
	636 officiers, plus 50 élèves à l'école des élèves, non compris 36 majors, aides-majors, sous-aides-majors, garçons-majors, aumôniers et chirurgiens.										

1759. — Le 1er janvier 1759, 59 officiers (dont 10 officiers généraux et 9 colonels) reçurent avis de leur mise à la retraite. A la même date, 636 lettres de service furent expédiées, et presque tous les officiers reçurent une destination nouvelle. Les mutations et les mouvements s'effectuèrent pour la plupart dans la première quinzaine de mars, non sans occasionner plus d'une récrimination : « M. de Vallière, en particulier, qui était alors à l'armée d'Allemagne et auquel le ministre n'avait communiqué ses intentions qu'après avoir fait signer l'ordonnance par le roi, se montra profondément froissé et se plaignit amèrement. Il se tint à l'écart pendant deux années, puis demanda l'autorisation de passer pour quelque temps au service du roi d'Espagne dont il réorganisa complètement l'artillerie (1). »

1759. — En mars 1759, le corps des ingénieurs fut réorganisé et les compagnies de sapeurs et de mineurs détachées du Corps-Royal de l'artillerie, qui se trouva ainsi réduit à 576 officiers et 4 800 hommes.

Dans l'ordonnance royale du 2 avril 1759 sur le service du Corps-Royal de l'artillerie, il y a lieu de relever les quelques données suivantes :

Le Corps-Royal tenait le rang du 47e d'infanterie ;

La taille minimum des soldats était fixée à 5 pieds 4 pouces et l'âge de l'engagement entre seize et vingt ans :

L'avancement des bas-officiers se faisait d'après des règles assez curieuses fixées par la même ordonnance :

« Sa Majesté désirant que dans la promotion des soldats aux places de hautes-payes, d'anspessades, de caporaux et sergents, on n'ait aucun égard à l'ancienneté, mais seulement à la bonne conduite et à l'application des sujets, elle veut que lorsqu'une place de sergent viendra à vaquer dans une des compagnies des brigades du Corps-Royal, les douze plus anciens sergents de la brigade s'assemblent pour choisir parmi tous les caporaux de ladite brigade trois sujets propres à remplir la place vacante ; ils les présenteront au major et au capitaine de la compagnie dans laquelle la place de sergent sera vacante : et sur le rapport de ces deux officiers, le commandant de la brigade nommera celui des trois sujets proposés qui lui paraîtra mériter la préférence. »

1. De Mauny, *loc. cit.*, p. 576.

Les nominations à tous les grades se faisaient d'une manière analogue.

On créa, la même année, quatre compagnies d'invalides d'artillerie, dont les emplois de lieutenant étaient réservés aux anciens sergents du corps; elles étaient affectées au service des places et des côtes. Les emplois de garde d'artillerie étaient aussi réservés aux sergents et aux conducteurs méritants.

Les règles relatives à la formation et à l'organisation du personnel du parc en campagne restaient fixées comme précédemment, mais les différentes fractions de l'équipage substituaient le nom de *divisions* à celui de brigades employé jusqu'alors.

Chaque division de bouches à feu devait être accompagnée d'un peloton « composé du nombre de sergents et de soldats nécessaires pour le service, lequel peloton sera alternativement commandé par la moitié des officiers attachés à ladite division, la totalité ne devant s'y trouver que dans le cas de détachements ou d'affaires générales ».

1760. — Les compagnies de sapeurs furent rendues au Corps-Royal en 1760 par une ordonnance du 27 février, prescrivant le remplacement des compagnies d'ouvriers des brigades d'artillerie réduites à 60 hommes, par les compagnies de sapeurs portées à 100 hommes. Les brigades d'artillerie comprenaient ainsi une compagnie de sapeurs, cinq de canonniers et deux de bombardiers.

Les compagnies d'ouvriers étaient attachées respectivement à une brigade du Corps-Royal, sans cependant en faire partie. Elles se composaient de : 1 capitaine en premier, 1 capitaine en second, 1 lieutenant en premier, 1 lieutenant en second, 1 lieutenant en troisième, 3 sergents ou maîtres ouvriers, 1 maître batelier sergent, 3 caporaux ou sous-maîtres, 1 caporal maître charpentier de bateaux, 4 anspessades dont 1 calfat, 30 ouvriers, 7 charpentiers de bateaux calfats ou bateliers, 9 apprentis et 2 tambours.

1761. — Le 15 novembre 1761, nouvelle réorganisation du Corps-Royal : l'artillerie de marine fusionnant avec l'artillerie de terre, le Corps-Royal est augmenté de trois brigades de huit compagnies (1 de bombardiers, 7 de canonniers) de 100 hommes chacune. En outre, il est créé trois nouvelles écoles d'artillerie, analogues à celles déjà existantes, à Brest, Toulon et Rochefort.

Enfin, le 21 décembre 1761, le Corps-Royal était encore réorganisé par le général de Crémille, successeur du maréchal de Belle-Isle et *directeur général en chef de l'artillerie.*

Nouvelles brigades. — L'état-major de chaque brigade était le même que pour les anciennes brigades (moins 1 garçon-major). La compagnie de bombardiers comprenait : 1 capitaine, 2 lieutenants en premier, 2 lieutenants en second, 6 sergents, 6 caporaux, 6 anspessades, 16 artificiers, 63 bombardiers et 3 tambours. Chaque compagnie de canonniers, avec le même cadre que la précédente, comprenait 79 canonniers et 3 tambours.

Les charges de chef de brigade, colonel et lieutenant-colonel dans les nouvelles brigades furent remplies au début par des capitaines de vaisseau, celles de lieutenant par des enseignes de vaisseau. Les officiers devaient se recruter uniquement parmi les enseignes de vaisseau.

Dans les ports de Brest, Rochefort et Toulon était créé un groupe d'ouvriers d'état, au nombre de vingt dans chacun. Ces ouvriers étaient chargés des constructions et réparations d'accessoires de l'artillerie.

Anciennes brigades. — L'état-major des anciennes brigades n'était pas changé, mais chacune des six brigades était augmentée de deux compagnies de canonniers de 100 hommes.

En outre, les six compagnies de mineurs étaient de nouveau détachées du corps du génie et attachées à chacune des anciennes brigades de la même manière que les compagnies d'ouvriers.

Les programmes d'instruction à suivre dans les écoles régionales étaient de plus en plus largement développés, de même que celui de l'école des élèves. Le nombre des officiers et des élèves qui suivaient les cours de ces écoles était fixé au même chiffre que précédemment.

1762. — Le 5 décembre 1762, fut créée une dixième brigade du Corps-Royal destinée d'abord au service des colonies, mais affectée plus tard au service de terre.

Cette brigade devait être composée de dix compagnies (1 de sapeurs et 9 de canonniers-bombardiers) de 100 hommes chacune. Il était créé en outre une septième compagnie d'ouvriers et une septième compagnie de mineurs, à l'effectif de 59 hommes chacune, pour être rattachées à cette brigade.

La compagnie de sapeurs comprenait : 1 capitaine en premier, 2 capitaines en second, 2 lieutenants en premier, 2 lieutenants en second, 6 sergents, 1 fourrier, 6 caporaux, 6 appointés, 18 sapeurs de première classe, 60 sapeurs de deuxième classe et 3 tambours. La compagnie était divisée en six escouades de 15 hommes chacune dont 1 caporal, 1 appointé, 13 sapeurs. Les première, troisième, cinquième escouades formaient la première division, les deuxième, quatrième et sixième escouades la deuxième division. Chaque compagnie de canonniers-bombardiers comprenait les mêmes cadres que la précédente, plus 6 artificiers, 12 soldats de première classe, 18 de seconde, 42 de troisième et 3 tambours, répartis aussi en six escouades de 15 hommes.

Les compagnies de mineurs et d'ouvriers, composées comme précédemment, étaient divisées en quatre escouades.

1763. — Le 30 juin 1763, une ordonnance donnait aux six anciennes brigades d'artillerie la même organisation qu'à la septième, c'est-à-dire une compagnie de sapeurs et neuf de canonniers-bombardiers.

En outre, dans chaque brigade de l'artillerie de terre, il était créé 2 porte-drapeau, 1 trésorier et 1 tambour-major.

Le corps d'artillerie n'avait jamais été aussi nombreux qu'à la fin de 1763 ; il comprenait à cette date :

Inspecteurs et directeur général.	7
Chefs de brigade	10
Colonels	32
Lieutenants-colonels.	37
Capitaines en premier.	172
— en second.	228
Lieutenants en premier	235
— en second	230
Sous-lieutenants.	96
Élèves de l'école des élèves.	50
	1 097 officiers

Brigades d'artillerie de terre	7 000
— de marine	2 400
Compagnies de mineurs	419
— d'ouvriers	419
Quatre compagnies des invalides de l'artillerie (créées en 1758) chargées de la défense des places.	400
	10 638 hommes

Soit au total 11 725 officiers et soldats.

Mais de nouvelles modifications ne tardaient pas à réduire ces effectifs.

1764. — En mars 1764, la brigade de Rochefort était supprimée et chacune des deux autres brigades destinées à la marine était composée de huit compagnies (1 de bombardiers et 7 de canonniers) fortes seulement de 82 hommes répartis en cinq escouades. La brigade de Toulon détachait à Rochefort trois compagnies de canonniers qui étaient commandées par le colonel de Toulon et le lieutenant-colonel de Brest : c'était une réduction de 1 088 hommes.

1765. — Le 25 mars 1765 d'ailleurs, cette artillerie était remise à la marine et la séparation fut rendue définitive en 1769.

§ 3 — Le personnel de l'artillerie, de Gribeauval à la Révolution

1765. — Sur la proposition de M. de Gribeauval[1], le Corps-

1. Gribeauval (Jean-Baptiste Vaquette de) était né à Amiens le 15 septembre 1715. Entré comme volontaire en 1732 dans une école royale d'artillerie, il fut nommé officier-pointeur en 1735. Commissaire extraordinaire en 1743, commissaire ordinaire en 1747, il devint commandant d'une compagnie dans le corps des mineurs. Chargé par le comte d'Argenson d'aller examiner le système d'artillerie légère attaché à l'infanterie prussienne, Gribeauval fit à son retour un rapport sur l'objet de sa mission ainsi que sur les places fortes qu'il avait visitées et sur celles des frontières.

En 1757 il passa comme lieutenant-colonel au service de l'Autriche. Le comte de Broglie, ambassadeur de France à Vienne, le fit nommer général de bataille, commandant le génie, l'artillerie et les mineurs. C'est en cette qualité, qu'il dirigea les opérations du siège qui aboutirent à la prise de Gratz, en Silésie. Assiégé dans Schweidnitz en 1762 par Tauenzien et l'armée de Frédéric II, il tint trois mois dans cette place délabrée, contre tous les efforts de l'assiégeant : l'explosion d'un magasin à poudre l'obli-

Royal fut complètement réorganisé par une ordonnance du roi, en date du 13 août 1765.

Les sept brigades du Corps-Royal étaient converties en un pareil nombre de régiments portant le nom des villes où ils avaient leurs écoles : régiments du Corps-Royal de l'artillerie de La Fère, Metz, Besançon, Grenoble, Strasbourg, Auxonne et Toul (1).

Chaque régiment comprenait deux bataillons de canonniers et de sapeurs et quatre compagnies de bombardiers.

Chaque bataillon était divisé en deux brigades, l'une de quatre compagnies de canonniers, l'autre de trois compagnies de canonniers et d'une de sapeurs. Les quatre compagnies de bombardiers formaient une cinquième brigade (2).

Chaque compagnie de canonniers et sapeurs comprenait : 1 capitaine en premier, 2 lieutenants en premier, 2 lieutenants en second (dont 1 provenant du corps des sergents), 1 fourrier, 4 sergents, 4 caporaux, 4 appointés, 8 canonniers ou sapeurs de première classe, 16 de seconde, 8 apprentis et 1 tambour. En temps de guerre ces compagnies étaient augmentées chacune de 20 apprentis.

Chaque compagnie de bombardiers comprenait, en plus des

---

gea à capituler. Prisonnier du roi de Prusse, celui-ci l'admit à sa table. Marie-Thérèse le nomma grand-croix de son ordre et feld-maréchal lieutenant.

Rappelé en France par le duc de Choiseul, il fut nommé maréchal de camp en 1762, inspecteur d'artillerie en 1764, commandeur de l'ordre de Saint-Louis et lieutenant-général en 1765, grand-croix de l'ordre de Saint-Louis et premier inspecteur de l'artillerie en 1776.

Il travailla à la réorganisation de tous les services de l'artillerie et il est surtout devenu célèbre par la création d'un nouveau matériel qui fit toutes les guerres de la Révolution et de l'Empire.

Les résultats de ses travaux ont paru, sous le titre de *Tables des constructions des principaux attirails de l'artillerie* (1792, 3 vol. in-folio). Cet ouvrage, imprimé aux frais de l'État et tiré à 125 exemplaires seulement pour l'empêcher de tomber entre les mains des étrangers, est aujourd'hui devenu très rare. Un exemplaire s'est vendu, il y a quelques années, plus de 2 000 fr.

1. Cette disposition était analogue à celle prise en 1762 pour les régiments d'infanterie qui avaient porté jusque-là le nom de leur colonel, afin de cette nouvelle manière « d'assurer la connaissance et la mémoire de leurs actions ».

2. « Les troupes du Corps-Royal ne devant pas pouvoir servir ensemble, mais par compagnies attachées aux brigades d'infanterie ou aux divisions de pièces de réserve, on a trouvé nécessaire de mettre à la tête des quatre compagnies formant une brigade, un officier supérieur pour les commander en chef en cas de détachement, ainsi que pour instruire et former les officiers et soldats desdites compagnies aux différents exercices de l'artillerie qui sont trop compliqués pour que ces instructions puissent se donner à un grand nombre. » (*Mémoire présenté par Gribeauval en 1764*, archives de l'artillerie, carton I-a-I.)

officiers (en même nombre que dans les précédentes), 1 fourrier, 4 sergents, 4 caporaux, 4 appointés, 4 artificiers, 4 bombardiers de première classe, 16 de seconde, 8 apprentis et 1 tambour; en temps de guerre elle était augmentée de 24 apprentis.

Chaque compagnie était divisée en quatre escouades commandées chacune par un sergent.

Dans chaque brigade était créé un chef de brigade de grade équivalent à celui de major.

L'état-major du régiment comprenait : 1 colonel, 1 lieutenant-colonel, 5 chefs de brigade, 1 major, 1 aide-major, 2 sous-aides-majors, 1 quartier-maître, 1 trésorier, 1 tambour-major, 1 aumônier et 1 chirurgien.

Dans chaque compagnie, le lieutenant en second provenant du corps des sergents remplissait les fonctions de garçon-major pour seconder le major et les sous-aides-majors.

Le grade de chef de brigade et de major était supérieur à celui de capitaine. Les sept plus anciens chefs de brigade ou majors jouissaient des prérogatives du grade de lieutenant-colonel tout en remplissant leurs propres fonctions.

Les capitaines en second et les lieutenants concouraient entre eux dans le même régiment pour l'avancement. Les autres officiers roulaient dans tout le corps.

Les grades inférieurs (fourriers, sergents et caporaux) se donnaient de la façon suivante : les deux plus anciens sergents établissaient une liste de six candidats les plus dignes à leurs yeux; une commission d'officiers choisissait trois noms sur cette liste, sur lesquels ensuite le commandant du régiment faisait le choix définitif.

Les compagnies de mineurs, tout en continuant à faire partie du Corps-Royal de l'artillerie, formaient un corps particulier, portant le nom de corps des mineurs et ayant un commandant général, un commandant particulier et un aide-major (1).

Le corps des mineurs comprenait six compagnies, réunies dans une école unique à Verdun.

---

1. Gribeauval s'opposait à ce que les mineurs fussent donnés au corps du génie, disant que : « Ce serait surtout aux dépens de l'esprit militaire qui est plus essentiel de conserver dans ce corps que dans tout autre, à cause de ce que le service a de désagréable et de rebutant. » (Archives de l'artillerie, carton I-a-I.)

Chaque compagnie de mineurs comprenait : 1 capitaine en premier, 1 capitaine en second, 2 lieutenants en premier, 2 lieutenants en second (dont 1 du corps des sergents), 4 sergents, 1 fourrier, 4 caporaux, 8 appointés, 16 mineurs, 32 apprentis, 1 tambour. En temps de guerre, chaque compagnie devait être augmentée de 12 apprentis.

La compagnie était divisée en 4 subdivisions, 8 escouades, 16 demi-escouades.

Un officier général du corps de l'artillerie désigné par le roi était chargé de la direction de l'école de ce corps et du commandement des six compagnies.

Un des commandants de compagnie, sans grade autre que celui lui appartenant, était chargé du commandement sous les ordres de cet inspecteur général. Un chef de brigade était en outre chargé dans le corps de diriger l'instruction des officiers. Un aide-major de l'infanterie avait la surveillance des garçons-majors de toutes les compagnies.

Les officiers des compagnies de mineurs roulaient uniquement entre eux pour l'avancement : ils pouvaient cependant concourir avec les officiers du Corps-Royal pour les grades supérieurs, mais, même dans ce cas, ils n'abandonnaient pas leurs fonctions antérieures.

Les compagnies d'ouvriers étaient portées au nombre de neuf disséminées pendant la paix dans les différents arsenaux de construction.

L'effectif de chacune de ces compagnies comprenait : 1 capitaine en premier, 1 capitaine en second, 1 lieutenant en premier, 2 lieutenants en second, 4 sergents, 1 fourrier, 5 caporaux, 5 appointés, 18 ouvriers de première classe, 16 de seconde, 11 apprentis et 1 tambour. En temps de guerre l'effectif de chacune était augmenté de 9 apprentis. Les forgeurs et serruriers de chaque compagnie formaient 2 escouades (de 13 hommes chacune), les charrons 2 également (de 9 hommes chacune), les charpentiers et menuisiers 1 (de 11 hommes). Les officiers roulaient pour l'avancement avec ceux du Corps-Royal.

Les engagements devaient être désormais contractés pour huit ans au lieu de six. Les rengagés jouissaient de faveurs spéciales.

En outre des officiers des corps de troupe, étaient désignés pour les autres services de l'artillerie : 9 inspecteurs généraux, 7 commandants en chef des écoles, 22 colonels-directeurs, 27 lieutenants-colonels dont 4 inspecteurs de manufactures d'armes et 1 commandant de l'école des élèves, 22 sous-directeurs, 35 capitaines en premier et 77 capitaines en second dont 11 attachés à chaque régiment.

Le nombre des élèves de l'école des élèves était porté à 60 (au lieu de 50), formant une compagnie sous les ordres de : 1 colonel, 1 lieutenant-colonel, 1 capitaine en premier et 2 capitaines en second. Les sept anciennes écoles étaient maintenues. Les sous-lieutenants à la suite de ces écoles étaient supprimés, mais on pouvait recevoir des aspirants au nombre de dix environ par école.

La solde des officiers était augmentée dans de notables proportions en temps de paix et en temps de guerre.

Cette nouvelle organisation donnait à l'artillerie les effectifs de 1 065 officiers, 7 409 hommes sur le pied de paix et 10 922 hommes sur le pied de guerre.

En campagne le personnel conservait la même formation : un certain nombre de compagnies, choisies de préférence parmi les compagnies de sapeurs, étaient détachées auprès des brigades d'infanterie. Les autres pièces d'artillerie, distribuées entre plusieurs réserves, comme nous le verrons plus loin [1], étaient réparties en divisions de huit pièces : une compagnie était chargée du service de chaque division à raison de deux pièces par escouade. En principe, dans chaque brigade, deux compagnies étaient employées au service du canon d'infanterie, et deux au service du canon de réserve.

En entrant en campagne, un certain nombre de bataillons de milices étaient affectés au Corps-Royal pour fournir les gardes ordinaires et aider à la manœuvre de cette arme : ces hommes répartis entre les compagnies à raison de 56 hommes par compagnie servant du canon de 12, et 32 hommes par compagnie servant du canon de 8, étaient destinés, en principe, à faire le service de garde et à frayer les chemins à l'artillerie de réserve.

1. Chapitre II.

Un certain nombre d'officiers, détachés du grand parc, encadraient le petit parc attaché à chacune des réserves d'artillerie.

Dans la division, chaque lieutenant, assisté d'un sergent, commandait une section de deux pièces, le sergent étant plus spécialement chargé des attelages et des munitions; le caporal et sept hommes servaient l'une des pièces, l'appointé et sept autres hommes servaient la deuxième.

Les capitaines s'occupaient pendant le combat des emplacements des attelages, des mouvements à exécuter par les pièces, en particulier du changement de projectiles selon la distance de l'ennemi [1].

Il était formé sur la frontière, dès l'entrée en campagne, un dépôt de l'artillerie, afin de pouvoir remplacer plus facilement le matériel et les munitions, et aussi pour instruire les recrues destinées à cette arme.

L'école des élèves fut transférée à Bapaume en 1766.

1766. — En mai 1766, quatre nouvelles compagnies d'invalides de l'artillerie furent formées et attachées au service de l'artillerie dans les places et sur les côtes; elles étaient composées chacune de 3 officiers et 63 hommes (réduits à 60 en 1769). Ces huit compagnies étaient réparties entre les places de Bayonne, Bordeaux, Le Havre, Caen, Saint-Malo, Boulogne, les îles d'Hyères, Marseille (cette dernière allait à Cette en temps de guerre).

Toutes ces modifications successives, augmentations suivies de réductions, avaient amené un très grand ralentissement dans l'avancement des officiers [2]. Le mal allait encore s'aggraver.

---

1. « On voit qu'on ne peut exiger davantage d'un capitaine, dit Gribeauval, que de soigner 8 pièces réparties sur 4 bataillons ; celui qui sera chargé des pièces de réserve aura à soigner, outre sa compagnie, environ 20 miliciens, 60 charretiers et 120 ou 130 chevaux, les charretiers et chevaux à contenir, les hommes à diriger; les manœuvres différentes pour chacun d'eux exigent beaucoup plus d'attention et de peine qu'il n'en faudrait pour commander une troupe quatre fois plus nombreuse qui devrait avoir de l'ensemble dans la manœuvre. » (Archives de l'artillerie, carton I-a-I.)

2. L'*État militaire du corps d'artillerie en 1772* s'exprime ainsi au sujet de l'avancement des officiers : « L'avancement est long dans ce corps, et par sa nouvelle constitution, il est presque impossible que les derniers lieutenants en second parviennent

1772. — Le 13 août 1772, sous l'empire de la réaction contre le système de Gribeauval, une ordonnance due à Monteynard [1] venait bouleverser encore une fois toute cette organisation.

Les sept régiments étaient conservés avec leur dénomination : ils comprenaient toujours 2 bataillons, formés chacun de 7 compagnies de canonniers, 2 de bombardiers et 1 de sapeurs. Ces compagnies étaient, dans chaque bataillon, réparties en deux brigades : la première, composée de 3 compagnies de canonniers, 1 de bombardiers, 1 de sapeurs; la deuxième, de 4 compagnies de canonnier, 1 de bombardiers. Il était créé une septième compagnie de mineurs.

Le cadre des compagnies des régiments n'était plus composé que de 4 officiers : 1 capitaine en premier, 1 capitaine en second, 1 lieutenant en premier, 1 lieutenant en second. Chaque compagnie ne comprenait plus que 35 bas-officiers et soldats divisés en 3 escouades.

L'état-major du régiment restait fixé comme précédemment, à l'exception des chefs de brigade qui étaient supprimés. On y ajoutait cependant six fifres ou clarinettes. L'école des élèves était supprimée. Le nombre d'aspirants à prendre dans les anciennes écoles était réduit à six, la solde des plus anciens officiers diminuée, le prix des engagements réduit à 80 livres malgré la difficulté de faire des recrues d'artillerie.

Les compagnies de mineurs, réduites à 5 officiers et 50 hommes, chacune formant 6 escouades, quittaient l'école de Verdun et étaient affectées chacune à un régiment d'artillerie.

Les neuf compagnies d'ouvriers étaient réduites chacune à 40 hommes répartis dans 4 escouades (2 d'ouvriers en fer et

---

aux grades supérieurs. Ce qu'il faut savoir pour être admis dans le Corps-Royal, les épreuves des différents noviciats par lesquels il faut passer, fait qu'il est rare de pouvoir y rentrer avant dix-huit ans : c'est à cet âge que maintenant on est reçu à la queue de près de 450 lieutenants ; on entre dans un des régiments, on roule pour obtenir une compagnie dans ce seul régiment, tandis qu'on roule sur les grades pour tout le corps. Chaque officier est assujetti de cette manière à un double mouvement. Celui qui le porte aux grades supérieurs embrasse tous les officiers du Corps-Royal, celui qui lui donne une compagnie ne meut que le régiment auquel il est attaché : ainsi on devient capitaine, major, lieutenant-colonel, colonel, etc., suivant l'ordre du tableau et le rang qu'on y tient ; mais on n'a de compagnie que lorsqu'on est devenu le premier lieutenant de son régiment, puis le premier capitaine en second en résidence. »

1. Le lieutenant-général de Monteynard avait remplacé Choiseul en 1770.

2 d'ouvriers en bois). En résumé, le corps d'artillerie ne devait plus comprendre que :

1 directeur général et 7 chefs de département général (1). . .	8
Commandants d'école	7
Colonels de régiment.	7
— directeurs	23
Lieutenants-colonels de régiment	7
— sous-directeurs	23
— inspecteurs aux manufactures	4
Majors.	7
Aides-majors	14
Sous-aides-majors	14
Capitaines en premier attachés aux résidences des places . .	35
— des régiments.	140
— des compagnies d'ouvriers et mineurs .	16
Capitaines en second des régiments	140
— des compagnies d'ouvriers et mineurs. .	16
Lieutenants en premier (des régiments et des compagnies) . .	163
— en second — — . .	156
Porte-drapeau.	14
Quartiers-maîtres	7
Officiers du corps de l'artillerie. . . .	801

Hommes de troupe .	5 617	Artillerie.	4 907
		Ouvriers.	360
		Mineurs	350

Une autre ordonnance, mais de décembre de la même année, assujettissait le Corps-Royal à faire pendant l'hiver le service de garde dans les places, dont celle de 1765 l'avait exempté, et privait les officiers d'artillerie du droit d'y commander suivant leur grade, quand ils y étaient détachés. Le service par compagnie fut aboli et celui par détachement mis en vigueur.

On revenait pour l'instruction au règlement de 1720.

En campagne, on devait affecter à chaque division de bouches à feu une brigade d'officiers. Cependant, dans la division, chaque

1. Les sept départements généraux étaient :
Le département de Flandre, Hainaut, Artois, Picardie, Soissonnais et Boulonnais;
— des Évêchés et de Lorraine ;
— de l'Alsace et de la Comté ;
— du Dauphiné, de la Provence et de la Corse ;
— du Languedoc et du Roussillon ;
— de la Guyenne et du pays d'Aunis ;
— de la Bretagne et de la Normandie.

soldat restait constamment attaché à la pièce qu'il avait à servir. Les autres dispositions de la répartition du personnel étaient maintenues, à l'exception de celles affectant des officiers et soldats du Corps-Royal au service du canon d'infanterie. Ce dernier devait désormais être servi par les troupes d'infanterie.

. . . .

1774. — Mais l'expérience de ce nouveau système fut de courte durée : son but avait surtout été de rendre à M. de Vallière une certaine autorité sur ce corps. Le comte de Muy, qui remplaça Monteynard en 1774, fit rendre le 3 octobre, une ordonnance qui annulait la précédente.

Les régiments et bataillons reprenaient la même composition qu'en 1765. Chaque compagnie des régiments d'artillerie était composée de : 1 capitaine, 1 lieutenant en premier et 2 lieutenants en second (dont 1 tiré du corps des fourriers et sergents et portant le titre d'adjudant) et 35 hommes de troupe, pouvant en certains cas être augmentés de 8 hommes et en temps de guerre être portés à 70. Chacune de ces compagnies était divisée en 4 escouades comme précédemment. L'état-major du régiment avait la même composition qu'en 1765, avec une augmentation de 6 musiciens.

Les sept compagnies de mineurs comprenaient chacune 1 capitaine en premier, 1 capitaine en second, 1 lieutenant en premier et 2 lieutenants en second (dont 1 venant du corps des sergents et portant le titre d'adjudant) et 46 hommes pouvant être portés à 70 et, en temps de guerre, à 82.

Il était créé de nouveau un chef de brigade des mineurs.

Les neuf compagnies d'ouvriers, réparties comme précédemment dans les arsenaux, étaient composées de 5 officiers et 40 hommes, pouvant êtreportés à 61 et, en temps de guerre, à 70.

Indépendamment des officiers des corps de troupe, 205 officiers étaient détachés pour le service dans les places : 9 inspecteurs généraux dont 1 directeur général, 7 commandants en chef des écoles, 22 colonels directeurs, 27 lieutenants-colonels dont 4 inspecteurs de manufactures d'armes et 23 sous-directeurs, 63 capitaines en premier et 77 capitaines en second dont 11 attachés à chaque régiment. De plus, 10 capitaines en second étaient mis à la suite dans chaque régiment et employés dans les arsenaux, fonderies, etc.

En campagne, des compagnies du Corps-Royal devaient être de nouveau désignées pour faire le service du canon d'infanterie. La répartition du personnel pour le service des diverses pièces était rétablie comme en 1765.

Le personnel de l'artillerie comprenait, en 1774, 905 officiers et 5631 soldats.

1776. — Le 27 juin 1776, une ordonnance enjoignit aux officiers généraux divisionnaires de s'instruire des détails relatifs à l'artillerie et leur donna autorité sur les troupes du Corps-Royal pour la police seulement. Ils étaient autorisés à visiter les arsenaux et à prendre copie de tous les plans, projets, mémoires relatifs à l'artillerie.

La réorganisation générale de l'armée opérée par le comte de Saint-Germain n'affecta pas sensiblement la constitution du Corps-Royal tel que l'avait organisé Gribeauval en 1765. Les sept régiments étaient maintenus ainsi que les neuf compagnies d'ouvriers. Une compagnie de mineurs était supprimée.

Le nombre des officiers détachés dans les places était réduit à 127 officiers : 10 directeurs généraux dont 1 portant le titre de *premier inspecteur du corps*(1), 6 commandants en chef des écoles (une école étant supprimée), 22 colonels directeurs, 27 lieutenants-colonels sous-directeurs, dont 4 inspecteurs de manufactures, et 62 capitaines en premier.

Le cadre de l'état-major de régiment était peu changé : les deux sous-aides majors, le quartier-maître, le trésorier, les musiciens étaient supprimés ; 1 quartier-maître trésorier et 1 armurier étaient institués, et le régiment gardait la même composition. Dans chaque compagnie, le deuxième lieutenant en second (l'ancien adjudant) portait le titre de lieutenant en troisième. Chaque compagnie comprenait 1 sergent-major, 4 sergents, 1 fourrier (pour le temps de

1. Le premier inspecteur général fut le lieutenant-général de Gribeauval (1777-1789). Il fut nommé le 18 décembre 1776, avec mission de « mettre l'ensemble et l'uniformité tant dans le service et l'instruction des troupes dudit corps que dans les constructions qui se feront dans les arsenaux, fonderies, forges et manufactures ». Il était l'intermédiaire obligé entre le ministre et le corps de l'artillerie.

guerre seulement), 4 caporaux, 4 appointés, 56 canonniers ou sapeurs, en tout 71 hommes distribués en 4 escouades.

Les six compagnies de mineurs comprenaient chacune 5 officiers et 82 hommes et étaient divisées comme précédemment en 8 escouades. Les six compagnies étaient réunies dans la même place.

La solde était augmentée pour tous les grades.

Chacune des neuf compagnies d'ouvriers comprenait 4 officiers et 71 hommes. La répartition du personnel en campagne était fixée comme précédemment.

La composition du Corps-Royal, telle qu'elle résultait de l'ordonnance de 1776, était à peu près la suivante :

Régiments du Corps-Royal.	630 officiers	9 954 hommes
Mineurs	30 —	492 —
Ouvriers	36 —	639 —
Détachés dans les places . .	127 —	»
TOTAUX	823 officiers	11 085 hommes

1777. — En 1777, six places d'élèves furent créées dans chacune des sept écoles existantes, et la durée des cours fixée à deux ans. En outre, le nombre des capitaines en second était augmenté de deux par régiment, élevant l'effectif du Corps-Royal à 837 officiers.

1778. — Jusqu'en 1778, on n'avait eu dans l'artillerie d'autres troupes de réserve que quelques compagnies franches qui existaient encore dans les places fortes et qui pouvaient être requises par les gouverneurs de province. Comme nous l'avons vu, on renforçait dès l'entrée en campagne les bataillons d'artillerie par des milices ou des troupes d'infanterie désignées par le roi selon les besoins du corps.

Une ordonnance du 1er mars 1778, concernant les troupes provinciales, affecta au corps de l'artillerie les régiments provinciaux de Châlons, Valence, Verdun, Colmar, Dijon, Autun et Vesoul, chacun à deux bataillons de 710 hommes.

Ces troupes de milice royale, destinées à doubler en temps de guerre les formations d'artillerie de campagne, abandonnèrent le nom de leur garnison d'attache pour prendre respectivement le nom de *Régiment-Provincial d'artillerie* de La Fère, Grenoble, Metz, Besançon, Strasbourg, Toul et Auxonne.

Ces 9 940 hommes de nouvelles troupes portaient les effectifs de l'artillerie en France à plus de 21 000 hommes, non comprises les huit compagnies d'invalides de l'artillerie et les compagnies de canonniers gardes-côtes.

Cette organisation générale de l'artillerie subsista jusqu'en mars 1791.

1784. — Jusqu'en 1770, on avait envoyé des détachements du Corps-Royal faire le service dans les colonies. En 1770, le ministre de la marine créa, et développa ensuite, un certain nombre de compagnies d'artillerie dans les Indes-Orientales, les Antilles, la Guyane et le Sénégal. Le nombre de ces compagnies s'élevait à treize en 1784. La guerre survenue en 1778 avait obligé à envoyer en outre dans diverses colonies 12 compagnies du régiment de Metz, 5 de celui de Besançon, 1 compagnie d'ouvriers et 1 de mineurs, et le deuxième bataillon du régiment d'Auxonne était allé prendre part à la guerre des États-Unis.

A la paix, sur la demande du ministre de la marine, Gribeauval établit un projet d'organisation d'un corps d'artillerie coloniale, et le 24 octobre 1784 parut une ordonnance portant création du Corps-Royal de l'artillerie et des colonies.

Ce corps était composé de 5 brigades. Chacune de ces brigades comprenait 4 compagnies de 5 officiers et 88 hommes. Ce nouveau corps fut formé à l'aide de 542 hommes tirés du Corps-Royal, dans lequel furent pris aussi presque tous les officiers. L'état-major comprenait 1 inspecteur général, 1 colonel, 4 lieutenants-colonels dont l'un directeur de l'arsenal des colonies, 5 chefs de brigade, 1 major, 3 aides-majors, 1 quartier-maître trésorier et 1 tambour major.

Deux nouvelles compagnies d'ouvriers furent formées, comprenant chacune 4 officiers et 73 hommes et affectées à ce nouveau corps. Une troisième fut créée en 1786.

En plus du personnel dont nous venons de parler, il existait dans l'artillerie en 1786 :

Pour les écoles : des professeurs d'arithmétique, des répétiteurs, des maîtres de dessin, des conducteurs de charrois, des artificiers.

Pour les places : des gardes-magasins.

Pour les arsenaux de construction : des chefs d'ouvriers d'état ordinaires de l'artillerie, et des ouvriers d'état de première, seconde et troisième classe.

§ 4 — État du personnel de l'artillerie en 1789

Les nombreuses transformations de l'artillerie au cours du dix-huitième siècle rendent plus surprenante ensuite la stabilité relative de ce corps, au milieu des modifications multiples apportées par les guerres de la Révolution à toutes les autres parties de l'armée en France. Gribeauval n'a plus laissé, en effet, qu'à compléter son œuvre par la création de l'artillerie à cheval (prévue d'ailleurs avant 1789) et la militarisation des conducteurs de charrois.

Au témoignage de nombreux contemporains, l'artillerie française était, en 1789, la première de l'Europe (1). L'organisation définitive donnée à cette arme, en 1776, était l'œuvre d'un homme expérimenté et le fruit de nombreuses études. Mais à côté d'une organisation matérielle parfaite, il faut signaler aussi l'excellent esprit des officiers du Corps-Royal. Par suite d'un recrutement en quelque sorte plus démocratique, et par suite aussi d'un système d'avancement où la faveur ne pouvait jouer qu'un faible rôle, les officiers d'artillerie se montrèrent réfractaires aux idées d'émigration, et le succès de Valmy, qui inaugura l'ère nouvelle, doit être attribué aussi bien à la canonnade vigoureuse dirigée par nos artilleurs solides et instruits, qu'à l'énergie de Kellermann et de ses jeunes troupes.

Recrutement des officiers. — Les officiers d'artillerie sortaient des écoles de l'arme, ou du corps des cadets-gentilshommes, ou provenaient des bas-officiers.

---

1. Cf. ROUQUEROL, *L'Artillerie au début de la Révolution* (*Revue d'artillerie*, t. 48, p. 441).

Les élèves des écoles d'artillerie étaient admis à la suite d'un concours. Ils devaient être âgés de quatorze ans au moins s'ils étaient fils, petits-fils ou frères d'officiers d'artillerie, de quinze ans dans les autres cas : ces derniers devaient en outre produire un certificat signé de quatre gentilshommes et de l'intendant de leur province pour constater qu'ils étaient nés dans l'état de noblesse. Le séjour à l'école était de deux ans. A la suite d'un examen de sortie, ils étaient nommés lieutenants en second ou renvoyés à leur famille, suivant leurs notes (1).

Les lieutenants en troisième provenaient des bas-officiers ; ils étaient désignés de la façon suivante : les cinq chefs de brigade, le major et le lieutenant-colonel réunis, formaient, à la pluralité des voix, une liste de trois sujets non mariés, propres à remplir la place vacante. Ces propositions étaient transmises, avec l'avis de chacun, en suivant la voie hiérarchique (colonel, commandant d'école, inspecteur général et premier inspecteur) au secrétaire d'État à la guerre, qui faisait ensuite la nomination.

Les prescriptions de l'ordonnance du 22 mai 1781 exigeant les quatre quartiers de noblesse pour l'infanterie et la cavalerie ne furent pas étendues à l'artillerie. Le corps des officiers de cette arme pouvait donc se recruter parmi la petite noblesse et même dans la roture, par suite de la simple condition de parenté avec un ancien officier d'artillerie (2). Aussi trouve-t-on, dans les états militaires du Corps-Royal au dix-huitième siècle, un grand nombre de noms roturiers.

Avancement des officiers. — L'avancement des officiers d'artillerie avait été réglé par l'ordonnance du 3 novembre 1776 : il devait être accordé « aux mérites et aux talents de préférence à l'ancienneté ».

L'avancement des colonels, lieutenants-colonels, majors et chefs de brigade se faisait exclusivement au choix. Celui des capitaines en premier, 3/5 au choix, 2/5 à l'ancienneté, enfin celui des capitaines en second, lieutenants en premier et en second, 1/3 au choix, 2/3 à l'ancienneté. Seuls, les lieutenants en troisième

1. Ordonnance royale du 8 avril 1779.
2. Fils d'un lieutenant en troisième, par exemple.

ne pouvaient passer lieutenants en second, mais ils jouissaient d'une solde supérieure à ceux-ci. Ils pouvaient cependant arriver aide-major ou quartier-maître trésorier avec rang de lieutenant en premier.

Tous les ans, le commandant de l'école assemblait une sorte de conseil de régiment composé de tous les officiers supérieurs qui établissait, à la pluralité des voix, une liste de trois capitaines en premier, trois capitaines en second, trois lieutenants en premier et trois lieutenants en second. Ces propositions, avec avis motivés, étaient ensuite transmises à l'inspecteur, puis au premier inspecteur, qui les remettait au secrétaire d'État à la guerre.

Les instructions du roi recommandaient aux inspecteurs d'artillerie d'interroger eux-mêmes les officiers sur toutes les matières de l'enseignement professionnel, pour établir leurs notes en parfaite connaissance de cause.

L'avancement des officiers était très lent (1). Aussi, des brevets du grade supérieur étaient-ils accordés aux plus anciens officiers, dans chaque grade, après un certain nombre d'années d'ancienneté.

Recrutement des hommes de troupe. — Le recrutement des hommes du Régiment-Royal avait été enlevé, au milieu du dix-huitième siècle, aux capitaines et avait été assuré par les soins du pouvoir royal (à l'exception des recrues des compagnies d'ouvriers). En 1789, les règles du recrutement étaient les suivantes (2) :

Tout officier allant en congé de semestre devait ramener deux recrues (si les besoins du corps exigeaient ce chiffre) à son retour ; tout bas-officier ou soldat allant en congé devait également ramener un engagé. L'engagement était de huit ans, pour lesquels il était accordé une prime de 40 livres et un pourboire atteignant au maximum 40 livres. La taille était fixée à 5 pieds 4 pouces ; l'âge limité entre seize et trente-cinq ans (quarante en temps de guerre). La solde était de 6 sous 10 deniers par jour (10 sous 2 deniers dans les compagnies d'ouvriers).

1. Voir *supra*, p. 27, n. 2.
2. Ordonnance du 3 novembre 1776.

Au bout de six ans de présence, le soldat pouvait contracter un rengagement de huit ans, entraînant une prime de 30 livres, ou de quatre ans avec une prime de 15 livres. Cette prime se touchait au commencement du rengagement.

Avancement des bas-officiers. — L'avancement des bas-officiers se faisait d'après les mêmes principes qu'en 1759, tout en donnant une moins grande importance au vote des futurs égaux de l'intéressé. Les listes de proposition étaient établies à la pluralité des voix par des commissions composées : pour un sergent-major, du plus ancien capitaine en premier et de tous les lieutenants en troisième du bataillon ; pour sergent et pour caporal, du lieutenant en troisième, du sergent-major et des deux plus anciens sergents de la compagnie intéressée, des sergents-majors et du plus ancien sergent de chacune des autres compagnies du bataillon.

Ces listes de proposition, après avoir été transmises au capitaine, qui opérait une première sélection, suivaient la voie hiérarchique jusqu'au colonel, qui faisait la nomination.

L'avancement à tous les échelons reposait donc sur un principe électif, entouré, il est vrai, de nombreuses garanties. Les excès et les abus que ce système favorisa plus tard, pendant les guerres de la Révolution, obligèrent à y renoncer, mais il est juste de remarquer qu'il semble avoir fonctionné sans gros inconvénients pendant un demi-siècle.

Le personnel (officiers et soldats) des différents services de l'artillerie, des écoles, des régiments, des compagnies de mineurs et d'ouvriers était organisé en 1789 de la façon suivante [1] :

a) OFFICIERS DU CORPS-ROYAL DE L'ARTILLERIE

Premier inspecteur. — De Gribeauval, à Paris.

Inspecteurs généraux. — Un par département d'artillerie ; ceux-ci étaient fixés au nombre de neuf : Flandre-Artois-Hainaut,

1. Les renseignements suivants sont extraits de l'*État militaire du corps de l'artillerie en 1788*.

Alsace-Franche-Comté, Guyenne-Aunis, Bretagne, Picardie-Normandie, Languedoc-Roussillon, Champagne-Évêchés-Lorraine, Bourgogne-Lyonnais, Provence-Corse.

Écoles. — Ces écoles remplissaient un double but : l'instruction des aspirants officiers et celle du personnel d'artillerie ; elles étaient au nombre de sept pour l'artillerie (dans les garnisons des régiments) et une pour les mineurs (à Verdun).

Elles étaient dirigées chacune par un commandant en chef du grade de maréchal de camp, assisté de deux ou trois capitaines en second.

En 1788, il y avait dans les écoles, y compris 1 colonel résidant auprès du premier inspecteur, 8 commandants en chef, 1 colonel et 15 capitaines en second. Le personnel de ces écoles comprenait en outre 1 professeur de mathématiques, 1 répétiteur de mathématiques et 1 professeur de dessin par école.

Directions. — Il y avait vingt-deux directions d'artillerie : La Fère, Douai, Lille, Valenciennes, Sedan, Metz, Landau, Strasbourg, Besançon, Auxonne, Grenoble, Toulon, Montpellier, Perpignan, Bordeaux, La Rochelle, Nantes, Brest, Caen, Le Havre, Dunkerque, Corse. Les onze dernières étaient appelées directions maritimes.

A la tête de chacune de ces directions se trouvait un directeur du grade de colonel, avec les pouvoirs les plus étendus et les plus complexes : c'était en général parmi eux que l'on choisissait les inspecteurs généraux. A côté de chaque directeur se trouvait un sous-directeur (deux à Toulon) du grade de lieutenant-colonel et un certain nombre de majors, de capitaines (jusqu'à 8 par direction) et d'anciens garçons-majors.

En 1788, il y avait dans les diverses directions :

		OFFICIERS
Directeurs (colonels)		22
Sous-directeurs (lieutenants-colonels)		23
En résidence à une direction : lieutenants-colonels		2
Attachés aux directions	Capitaines	82
	Majors	5
	Anciens garçons-majors	22
		156

Arsenaux de construction. — Il y avait six arsenaux de construction établis à La Fère, Douai, Auxonne, Strasbourg, Metz et Nantes et commandés chacun par le directeur du département auquel ils appartenaient.

Sous les ordres du directeur, dans chaque arsenal, se trouvaient de 1 à 5 capitaines. En 1788, il y avait dans les arsenaux 18 capitaines, 3 anciens garçons-majors et 6 chefs d'ouvriers.

Il y avait à Paris un établissement appelé *arsenal*, qui fut pillé en 1789 et qui constituait simplement un dépôt de matériel, d'archives et de collections.

Manufactures. — La fabrication des armes à feu et des armes blanches était assurée par l'entreprise, sous la surveillance et le contrôle de l'artillerie. Les armes à feu étaient fabriquées à Charleville, Saint-Étienne et Maubeuge, les armes blanches à Klingenthal.

A la tête de tous les établissements se trouvait un directeur des manufactures du rang de lieutenant-colonel. Dans chaque manufacture se trouvait un inspecteur, du rang de major ou de capitaine, et plusieurs capitaines. Les officiers attachés aux manufactures étaient, en 1788, au nombre de 18, ainsi répartis :

Lieutenant-colonel	1 directeur des manufactures;
Majors	2 inspecteurs —
Capitaines.	2 — —
	12 attachés aux manufactures;
Ancien garçon-major. . . .	1
	18 officiers.

Forges d'artillerie. — Au nombre de trois : Franche-Comté, Champagne, Évêchés et Lorraine. Le directeur général des forges avait rang de major. A la tête de chaque forge se trouvait un directeur du rang de capitaine et un certain nombre de capitaines.

En 1788, le personnel était ainsi composé :

Major	1
Capitaines	13
Ancien garçon-major . . .	1
	15 officiers.

Fonderies de l'artillerie. — Le nombre des fonderies était réduit à deux, Douai (1 major, inspecteur des fonderies, et 1 capitaine), Strasbourg (1 major, inspecteur des fonderies, et 2 capitaines). Il y avait en outre 1 directeur général des fontes à Strasbourg et 1 commissaire des fontes à Douai.

Officiers employés à la visite des armes. — 1 colonel, 10 capitaines.

Officiers employés à l'édition des tables et dessins des constructions d'attirails pour l'artillerie. — 2 capitaines, 1 commissaire des guerres.

Officiers employés dans les corps de troupe. — *Régiments d'artillerie.* — Au nombre de sept, comprenant, en 1788, 717 officiers.

RÉGIMENTS de	GARNISONS	COLONELS	LIEUTENANTS-COLONELS	MAJORS	CHEFS DE BRIGADE	AIDES-MAJORS	QUARTIERS-MAITRES trésoriers	CHIRURGIENS-MAJORS	AUMÔNIERS	CAPITAINES en premier	CAPITAINES en second	LIEUTENANTS en premier	LIEUTENANTS en second	LIEUTENANTS en troisième	SOUS-LIEUTENANTS
Besançon. .	Douai.	1	1	1	5	1	1	1	1	20	12	20	20	18	2
La Fère. . .	Auxonne.	1	1	1	5	1	1	1	1	20	12	20	20	16	2
Auxonne . .	Metz.	1	1	1	5	1	1	1	1	20	12	20	20	17	2
Toul	La Fère (une compagnie de canonniers à Cherbourg).	1	1	1	5	1	1	1	1	20	12	20	20	20	2
Grenoble . .	Deux compagnies en Corse, le reste à Valence.	1	1	1	5	1	1	1	1	20	12	20	20	17	2
Strasbourg .	Strasbourg.	1	1	1	5	1	1	1	1	20	12	20	20	12	2
Metz	Besançon.	1	1	1	5	1	1	1	1	20	12	20	20	15	2
		7	7	7	35	7	7	7	7	140	84	140	140	115	14
		717 officiers.													

Corps des mineurs. — Six compagnies de mineurs en garnison à Verdun. Un commandant de compagnie, du grade de maréchal de camp, avait le commandement du corps des mineurs. Il était secondé par un aide-major. Les autres commandants de compagnie avaient le grade de chefs de brigade ou de capitaines en premier.

Le cadre des compagnies de mineurs était au complet en 1878 et comprenait :

Capitaines en premier (dont 1 maréchal de camp et 3 chefs de brigade)	6
Capitaines en second	6
Lieutenants en premier	6
— en second	6
— en troisième	6
	30 officiers.

Compagnies d'ouvriers. — Au nombre de neuf : 2 à Metz, 2 à Strasbourg, 1 1/2 à Douai, 1/2 à Cherbourg, 1 à Nantes, 1 à Auxonne, 1 à La Fère :

Capitaines en premier	9
— en second	9
Lieutenants en premier	9
— en troisième	9
	36 officiers.

Régiments provinciaux. — Au nombre de sept, portant le nom du Régiment-Royal auquel ils étaient rattachés. L'état des officiers comprenait, en 1788, 7 colonels, 7 lieutenants-colonels, 7 majors et 60 capitaines, correspondant aux officiers de réserve d'aujourd'hui.

Personnel secondaire de l'artillerie. — 2 conducteurs de charrois par école, 12 artificiers, 188 gardes-magasins.

En résumé, le personnel des officiers d'artillerie comprenait, en 1788, 976 officiers ainsi répartis :

	OFFICIERS
Lieutenant-général, premier inspecteur	1
Maréchaux de camp, inspecteurs généraux	9
— commandants des écoles, commandants des régiments, directeurs, etc.	21
Colonels	18
Lieutenants-colonels	34
Majors ou chefs de brigade	56
Capitaines	371
Lieutenants en premier et en second	237
— en troisième	115
Sous-lieutenants	114
	976 (1)

1. 909 (État-major, 212 ; corps de troupe, 697), d'après Rouquerol, *loc. cit.* (*Revue d'artillerie*, t. 48, p. 245).

Les effectifs donnés par l'*État militaire de l'artillerie en 1788*, pour chaque grade, sont en désaccord avec les effectifs théoriques fixés par l'ordonnance de 1776. L'écart provient de ce que, en vue d'améliorer la position des officiers d'artillerie, dont l'avancement était très lent, un certain nombre de ceux-ci dans chaque grade, tout en gardant leur commandement, jouissaient du brevet du grade immédiatement supérieur.

b) TROUPES DU CORPS-ROYAL

Les troupes du Corps-Royal comprenaient, en 1789, les effectifs *théoriques* suivants :

7 régiments à 20 compagnies de 71 hommes.	9 940
6 compagnies de mineurs à 82 hommes . . .	492
9 compagnies d'ouvriers à 71 hommes. . . .	639
	11 071 hommes (1).

Les régiments provinciaux donnaient un appoint de 9 940 hommes. Le Corps-Royal de l'artillerie et des colonies comptait 115 officiers et 1 760 hommes ; huit compagnies d'ouvriers de ce corps ajoutaient 12 officiers et 219 hommes au total précédent.

Enfin, huit compagnies d'invalides de l'artillerie portaient l'effectif total de toutes les troupes d'artillerie à *1 200 officiers et 23 000 hommes environ* (2).

Uniforme. — A la fin du règne de Louis XVI, l'uniforme de l'artillerie était le suivant : habit bleu ; revers, collet, veste, culotte et contre-épaulettes en drap bleu ; parements, doublure et passepoil écarlates ; boutons jaunes.

Les différents grades se reconnaissaient à l'épaulette.

1. 11 085 dans ROUQUEROL, *loc. cit.*, p. 245.
2. 22 000 dans ROUQUEROL, *loc. cit.*, p. 245.

L'uniforme des régiments provinciaux était blanc avec collet et parements bleus de roi ; boutons blancs [1].

Drapeau. — L'artillerie avait deux drapeaux : l'un blanc, l'autre gorge de pigeon et aurore par opposition, l'un et l'autre traversés d'une croix blanche semée de fleurs de lis sans nombre; la hampe était azur, semée de fleurs de lis d'or.

1. De Moltzheim. *Esquisse historique de l'artillerie française*, p. 32.

CHAPITRE II

LE MATÉRIEL

§ 1 — Matériel d'artillerie en France à la fin du règne de Louis XIV

A la fin du dix-huitième siècle, l'artillerie française était réputée la première du monde par son unité et sa légèreté. Cette supériorité était due aux remarquables travaux et à la longue patience de deux hommes entièrement dévoués à leur œuvre. D'une part, les découvertes de Bélidor avaient permis de réduire la charge de poudre et, par suite, le poids des canons; d'autre part, le rigoureux esprit de méthode de M. de Gribeauval avait asservi tout le matériel aux règles d'un système fixe et invariable.

a) PIÈCES

Canons. — Pour fixer la genèse de ce double progrès, il faut remonter au premier effort accompli dans le sens de l'unification à la fin du dix-septième siècle. D'après Surirey de Saint-Remy [1], on fondait en France, en 1697, six sortes de canons : 1° le *canon de France,* lançant un boulet de 33 livres et pesant 6 200 livres; 2° le *demi-canon d'Espagne,* lançant un boulet de 24 livres et pesant 5 100 livres; 3° le *demi-canon de France,* lancant un boulet de 16 livres et pesant 4 100 livres; 4° le *quart de canon d'Espagne,* lançant un boulet de 12 livres et pesant 3 400 livres; 5° le *quart de canon de France* ou la *bâtarde,* lançant un boulet de 8 livres et pesant 1 950 livres; 6° la *moyenne,* lançant un boulet de 4 livres et pesant 1 300 livres.

---

1. Saint-Remy (Pierre Surirey de), lieutenant-général du grand-maître, mort en 1716. Connu surtout par son gros ouvrage intitulé *Mémoires d'artillerie* (2 vol.), réédité en 1745 et mis à jour à cette date, formant 3 volumes.

Les dimensions des canons, sans être uniformes, variaient peu d'un département à l'autre. Partout, ils portaient en ornement les armes du roi sur la culasse, et les armes du duc de Maine, grand-maître de l'artillerie, sur la volée.

On avait adopté le principe de donner aux pièces la même longueur, quel qu'en fût le calibre, pour qu'elles pussent toutes également servir en embrasure. Le poids des pièces, par suite, était loin d'être proportionnel au poids du boulet.

Le canon de 33 pesait 187 boulets ; le canon de 24, 212 boulets ; le canon de 16, 256 boulets ; le canon de 12, 283 boulets ; le canon de 8, 243 boulets ; enfin, le canon de 4, 325 boulets.

Le poids considérable des pièces était le principal obstacle à l'emploi de l'artillerie en campagne. Différents moyens ingénieux furent proposés et adoptés pour l'alléger, mais ils ne furent pas maintenus pendant le dix-huitième siècle. Un des plus curieux fut celui dit de la « nouvelle invention ».

En 1679, un inventeur espagnol, Antonio Gonzalès, vint proposer à Louvois de modifier l'âme des bouches à feu, en la terminant par une chambre sphérique : la charge s'y enflammerait près de son centre, au lieu de prendre feu à son extrémité, ce qui occasionnait une grande perte de poudre. Par suite de cette déflagration plus instantanée, le projectile recevait une vitesse initiale plus grande, avec un poids de poudre moitié moindre que celui des charges alors en usage (1/3 du poids du boulet au lieu des 2/3). On pouvait, dès lors, alléger en proportion la masse du canon et rendre l'artillerie plus mobile. Les nouvelles pièces ainsi construites ne pesaient plus que : la pièce de 24, 125 boulets ; la pièce de 16, 137 boulets ; la pièce de 12, 166 boulets ; la pièce de 8, 125 boulets ; la pièce de 4, 150 boulets.

Ces pièces qui donnèrent de bons résultats balistiques avaient cependant de graves inconvénients : à cause de leur faible longueur, les embrasures étaient rapidement détériorées ; les anciens affûts résistaient mal à la vivacité de l'explosion ; et, surtout, il restait souvent, dans la chambre, du feu que l'écouvillon n'arrivait pas à éteindre.

M. de la Frézelière, lieutenant-général de l'artillerie, modifia cette disposition primitive et donna à la chambre une forme ovoïde, avec un petit diamètre, légèrement supérieur à celui de l'âme; en même temps, il accrut, par une construction nouvelle, la résistance des affûts de bois, qu'il munit, pour faciliter les manœuvres, de nouveaux avant-trains légers; il inaugura les affûts de fer destinés aux mortiers et leur permettant d'agir presque horizontalement comme de véritables obusiers.

En 1680, de la Frézelière obtint de refondre la plupart des petites coulevrines en service dans les places de l'Est. Il les transforma en canons de 8, de 12 et de 24 de la « nouvelle invention ». Cette artillerie, complètement nouvelle dans son principe et dans son emploi, fut discutée avec passion et difficilement acceptée par les généraux de l'époque [1]. A la mort de la Frézelière, ces canons furent entièrement refondus et l'artillerie française redevint aussi encombrante que jamais.

A citer comme essai de nouveaux canons plus légers : les canons triples patronnés par Villeroi, adoptés vers 1704, mais renvoyés aux fonderies après la désastreuse expérience de Ramillies (1706), et les canons doubles avec des boulets reliés entre eux par une barre de fer, qui subirent le même sort.

Enfin, il existait encore un canon de montagne du calibre de 1 livre monté sur un affût à roulettes d'une disposition particulière.

En France, les gros calibres formaient 5 °/₀ du parc de campagne, les moyens calibres (de 12 et de 8) 35 °/₀, et les petits calibres 60 °/₀.

Mortiers. — L'artillerie française faisait encore usage, à la fin du dix-septième siècle, d'un grand nombre de mortiers : les uns de forme cylindrique, dits « à l'ancienne manière », les autres qui avaient utilisé le procédé, dits de la « nouvelle invention ». Ils avaient des calibres variant de 6 à 18^{po}, et employaient des charges variant entre 2 et 18 livres de poudre.

Les modèles des mortiers différaient, comme ceux des canons, d'un département à l'autre.

Il n'existait pas d'obusiers en France, mais on se servait de quelques pierriers.

---

1. De la Frézelière fut le seul à se servir de ses pièces, les autres généraux les trouvaient trop dangereuses, parce qu'elles brisaient souvent leurs affûts. (Cf. SAUTAI, *Les Frézeau de la Frézelière*, p. 163.)

Fabrication. — La fabrication des pièces avait fait de grands progrès. Les canons de bronze étaient les plus employés, mais on fit aussi des essais de canons en fer forgé et de canons en fonte de fer.

Les canons fondus dans les différents départements français avaient tous les calibres fixés (33, 24, 16, 12, 8 et 4 livres); cependant, les diamètres de l'âme de deux canons de même calibre, sensiblement égaux quand ils étaient coulés dans le même département, variaient encore notablement d'un département à l'autre : aussi les projectiles coulés pour une pièce ne pouvaient-ils entrer dans l'approvisionnement d'une pièce de même calibre mais coulée dans un autre département.

Les canons étaient coulés dans un moule avec un noyau intérieur : la surface extérieure restait telle qu'elle sortait du moule; la surface intérieure était ensuite soumise à un alésage qui amenait la pièce au calibre voulu. Quelques tentatives faites pour couler le canon plein et le forer ensuite entièrement n'avaient pas réussi à cause de l'imperfection de la machine à forer.

b) PROJECTILES

Poudres. — La composition de la poudre était de 75 parties de salpêtre, 12 parties et demie de soufre, 12 parties et demie de charbon. Elle variait très peu dans les diverses poudreries. La composition et la grosseur du grain étaient les mêmes pour la poudre à canon et pour la poudre à mousquet.

Une ordonnance du 18 septembre 1686 avait fixé les conditions de réception des poudres à canon.

Gargousses. — La poudre était encore le plus souvent mise directement dans le canon à l'aide de la lanterne. Cependant, l'usage des gargousses commençait à se répandre.

Les gargousses en papier double, en parchemin ou en toile étaient utilisées dans les circonstances où le tir devait être exécuté avec rapidité. Saint-Remy recommande particulièrement l'emploi des « gargouges » en parchemin, avec lesquelles il n'était nécessaire d'écouvillonner que tous les quatre ou cinq coups. Avec les autres, il fallait écouvillonner entre chaque coup de canon. La longueur de la gargousse chargée était de 3 calibres. La charge de poudre employée était pour les canons de l'ancienne méthode de moitié à deux tiers du poids du boulet.

Projectiles. — Comme projectiles, l'artillerie française continuait à employer l'ancien boulet plein, restant réfractaire à l'emploi du boulet creux et allongé, très en faveur chez les autres nations.

Les projectiles à mitraille firent en France de grands progrès à ce moment; il existait à la fin du dix-septième siècle plusieurs modèles de ces engins : la *cartouche,* boîte en fer-blanc remplie de balles de plomb, de clous ou d'autre mitraille; la *grappe de raisin,* plateau de bois portant en son milieu un noyau de bois autour duquel, avec du goudron ou de la poix, on arrangeait un grand nombre de balles de plomb; les *pommes de pin,* autre variété semblable à la précédente.

Approvisionnements. — Avec le système de guerre établi, l'artillerie devait rechercher, dans le tir, moins la rapidité que la sage lenteur et la sûreté d'action. Telle était l'opinion en France, laquelle entraîna l'opinion de toutes les autres puissances.

Le chargement à cartouches, qui du reste n'avait jamais été beaucoup répandu, fut abandonné même pour les pièces de petits calibres; partout, le chargement à la lanterne fut conservé. Un baril de poudre défoncé était placé près de la pièce avec des bouchons de foin et des boulets. Pour le tir aux distances éloignées, on puisait la poudre à plusieurs reprises avec la lanterne, on la refoulait; on mettait le bouchon, on refoulait; on plaçait le boulet avec un bouchon et on refoulait encore. Pour les distances rapprochées, on supprimait les bouchons; quelquefois même, surtout pour le tir à mitraille, on utilisait les gargousses, qui rendaient le tir beaucoup plus rapide. Ce chargement à la lanterne, lent et irrégulier, pouvait amener de grands dangers par la présence du baril de poudre auprès de la bouche à feu; cependant, comme durant cette époque on s'étudiait à tirer posément, ces inconvénients étaient peu sensibles, et on avait l'avantage de pouvoir modifier la charge en raison de l'effet à produire par le boulet.

On vient de voir que les mouvements et instruments pour charger étaient nombreux et variés : il fallait introduire successivement et à plusieurs reprises l'écouvillon, la lanterne, le refouloir, qui tous étaient séparés et portaient des hampes longues. Le pointage se faisait au moyen des coins de mire, du quart de cercle et de nombreux leviers employés pour donner à la pièce la direction et la hauteur convenables. On amorçait avec de la poudre fine, on mettait le feu avec une mèche... De tous ces détails, et de la difficulté de mouvoir la pièce, résultait un tir assez lent; pour obtenir un peu plus de rapidité aux distances rapprochées, on brêlait la pièce sur l'affût.

Par suite de cette lenteur du tir, malgré le système de canonnades employé à cette époque, l'approvisionnement par pièce resta généralement inférieur à 150 coups, chiffre jugé suffisant pour deux grandes batailles et une retraite. Les munitions étaient transportées sur des charrettes particulières qui portaient, les unes, les barils de poudre, les autres, les boulets, d'autres la mèche, le plomb, etc. [1].

c) AFFUTS ET ACCESSOIRES

L'uniformisation des dimensions extérieures des bouches à feu avait permis de fixer, dans chaque département, les dimensions des affûts : mais leur forme variait encore d'un département à l'autre.

L'importance des affûts et des voitures d'artillerie était peu appréciée. Cette partie était même regardée comme très secondaire, et il devait en être ainsi avec un système de guerre sans mobilité. Les constructions étaient peu soignées et peu mobiles. Les ferrures étaient en petit nombre, mal travaillées et arbitrairement disposées. Les affûts, destinés seulement à transporter la pièce et à la supporter pendant le tir, étaient en quelque sorte réduits à leur plus simple expression : ils avaient été débarrassés de toutes les dispositions accessoires ayant pour objet le transport des armements et des munitions et la manœuvre de la pièce. Tous ces affûts étaient à deux flasques, moins massifs et moins longs que

1. BRUNET, *Histoire de l'artillerie*, t. II, p. 144.

précédemment. L'avant-train était à limonière et à roues basses; la réunion avec l'affût avait lieu au moyen d'une grande cheville ouvrière, placée sur le corps de l'avant-train et engagée dans la queue d'affût. Par suite de ces dispositions, il fallait un temps assez long pour mettre la pièce en état d'être chargée, et les mouvements difficiles nécessitaient l'emploi des attelages.

La confusion était extrême dans le matériel général de ces affûts; en effet, les pièces étaient en très grand nombre, chaque pièce avait son affût particulier, et les affûts pour la même pièce variaient beaucoup, suivant les localités et même suivant les constructeurs d'une même localité; cependant, la régularité et le classement tendaient à s'introduire dans cette partie de l'artillerie comme dans toutes les autres; ces qualités se remarquaient souvent dans un parc construit sous la direction du même officier général d'artillerie, dans l'étendue d'une division territoriale.

Les trois classes de pièces, longues, moyennes et courtes, amenèrent naturellement le classement des affûts en trois classes; les constructions particulières pour chaque calibre, dans une même classe de pièces, amenèrent aussi des règles de construction pour chaque calibre dans chaque classe d'affût.

Les principes de construction des affûts pour le tir exigent, pour la solidité, que le rapport entre la masse de l'affût et celle de la pièce soit d'autant plus grand que la pièce est plus légère relativement à son calibre. Ce principe était loin d'être mis en pratique, soit dans le classement par espèces, soit dans le classement par calibres dans la même espèce(1). Ainsi, dans la même espèce, le rapport du poids des pièces à celui du projectile était plus faible pour les gros calibres que pour les petits; donc le rapport de la masse de l'affût à la masse de la pièce devait être plus grand pour les gros calibres que pour les petits. Or c'était le contraire qui avait lieu. Ainsi, pour les pièces longues, ce rapport variait de 50 °/₀ pour le calibre de 24, à 85 °/₀ pour le calibre de 4; et, dans les pièces moyennes, il variait de 33 °/₀ pour les calibres de 24, à 65 °/₀ pour le calibre de 4. La construction de ces

1. La question traitée en détail serait très complexe à cause des différences des charges employées.

affûts était grossière ; on ignorait les dispositions nécessaires pour donner la mobilité ; les roues étaient petites et lourdes, tous les essieux étaient en bois. La seule disposition favorable était la légèreté de ces affûts, relativement à celle des pièces [1].

Les charrettes destinées à transporter les barils de poudre, les projectiles et autres munitions et les outils, n'avaient que bien peu de conditions spéciales à remplir. Leur construction variait beaucoup, suivant les localités et les généraux d'artillerie. Généralement, on cherchait à les rendre uniformes dans le même parc ; on les faisait les plus légères et les plus simples possible ; elles étaient à deux ou à quatre roues, recouvertes de prélarts pour garantir le chargement.

En France et en Allemagne, la force des attelages était calculée à raison d'un cheval pour près de 550 livres du poids du chargement et de la voiture. Ce poids, donné à chaque cheval, était fort, surtout avec des voitures grossières. Sur des chemins solides et à des allures assez lentes, cette artillerie pouvait facilement marcher ; mais il lui était impossible d'aller rapidement dans les terrains difficiles. Du reste, l'attelage à limonière, qui était généralement employé, s'opposait à la rapidité des allures.

d) ORGANISATION DU MATÉRIEL

En prenant comme 2 400 livres le poids moyen des 100 pièces entrant dans la composition d'un parc de campagne, son attelage exigeait environ 500 chevaux. En constituant un approvisionnement de 150 coups à chaque pièce, les munitions (mèches, poudre, projectiles, barils compris) nécessitaient 130 chariots portant un poids moyen de 1 200 livres, pour l'attelage desquels il fallait 520 chevaux. En y joignant une dizaine de chariots, pour le transport des armements, et une vingtaine pour les outils de sapeurs, un parc d'artillerie de 100 canons formait un total de 260 voitures et de 1 140 chevaux.

En outre, les progrès des armes à feu portatives et l'augmentation de l'infanterie dans toutes les armées obligeaient celles-ci à se

1. Brunet, *loc. cit.*, p. 145.

faire suivre d'un approvisionnement sérieux de munitions, demandant, pour 65 000 hommes, environ 150 voitures et 600 chevaux. Les voitures contenant les rechanges devaient être au nombre de 140.

En résumé, un parc de campagne comprenait environ 550 voitures et 2 500 chevaux (y compris quelques chevaux haut le pied).

La longue série de campagnes de la fin du dix-septième siècle avait constitué une expérience sérieuse pour l'organisation de ce nombreux matériel et avait fait ressortir les nombreux avantages de constituer des éléments simples, réguliers, homogènes et bien liés entre eux.

On avait d'abord essayé de réunir tous les éléments par groupes de même nature : les bouches à feu, les munitions, les approvisionnements. Dans chacun de ces groupes, on avait constitué de nouvelles fractions d'éléments homogènes : voitures de boulets, voitures de poudres, voitures de mèches, etc. Mais les nombreux inconvénients de cette classification, au moment de l'action, se firent bientôt sentir, et on fit une nouvelle répartition du matériel :

1° La partie active, destinée à entrer immédiatement en action et comprenant les bouches à feu, leurs munitions, celles de l'infanterie, les agrès et outils nécessaires pendant le combat;

2° La partie passive, comprenant l'excédent de munitions et la masse inerte des charrois.

Tandis que cette deuxième partie conservait l'organisation par groupes homogènes, la partie active du parc recevait une nouvelle organisation. A chaque groupe de bouches à feu, on réunit les charrettes de munitions propres à son service, les rechanges, les armements et les outils nécessaires. Il y eut ainsi dans la partie active autant de petits parcs que de calibres différents. Chacun de ces parcs était susceptible d'agir immédiatement et avec indépendance. Cependant, en particulier pour les petits et moyens calibres, le grand nombre des pièces employées donnait à chacun de ces parcs un développement trop important : on partagea alors le groupe trop fort de bouches à feu en un certain nombre de fractions qui furent chacune, comme les groupes précédents, organisées en parc partiel. Ces petits parcs partiels reçurent le nom de *brigades* et constituèrent l'unité d'artillerie.

L'importance de ces brigades dépendait des conditions nécessaires à la facilité de leur maniement; cependant, il les fallait suffisamment fortes pour accompagner les détachements et constituer les batteries que l'on plaçait sur le front des troupes. Pendant les diverses guerres du dix-septième siècle, la force des unités de matériel avait souvent changé.

Dans les dernières guerres, les armées devenues très nombreuses étaient suivies d'une nombreuse artillerie; les opérations étaient devenues plus lentes, plus timides; le parc restait plus concentré entre les mains des généraux d'artillerie; l'unité de matériel, par suite, était devenue plus lourde.

Elle comprenait 4 pièces pour la brigade de 24 ou de 16; 6 pièces pour la brigade de 12; 8 à 10 pièces pour la brigade de 8; 10 pièces pour la brigade de 4.

Chaque brigade comprenait, outre les bouches à feu, les munitions et agrès nécessaires à l'action et les chariots de munitions pour les troupes d'infanterie voisines. Les brigades ainsi constituées formaient un ensemble de 30 voitures et de 150 chevaux. Celles de 4 ne comprenaient que 27 voitures et 110 chevaux.

Une brigade de 8 comprenait par exemple :

	VOITURES
Canons	10
Charrettes portant chacune 154 boulets	6
— de poudre à 1 200 livres chacune	3
— pour les armements, l'équipement, les outils de sapeurs	4
Charrettes de munition portant chacune 400 livres de poudre, 400 livres de plomb et 300 livres de mèche	6
Charrette pour les bagages	1
Affût de rechange	1
TOTAL	31

Pour les marches, les brigades de gros calibre étaient encadrées par les brigades de 8. Les brigades de 4 marchaient en tête et en queue de la colonne. Chaque capitaine de charrois attelait et conduisait une brigade avec sa compagnie. Des officiers supérieurs maintenaient l'ordre dans le convoi. Les troupes d'artillerie marchaient en tête ou en queue; quelques ouvriers marchaient avec les voitures. Les officiers d'artillerie marchaient tous en tête du parc; quelques-uns venaient inspecter le convoi pendant la marche.

§ 2 — Depuis l'adoption du système Vallière jusqu'à l'adoption du système Gribeauval (1732-1765)

I — SYSTÈME VALLIÈRE

L'énorme consommation d'artillerie des dernières guerres de Louis XIV avait amené le plus grand désordre dans le matériel de cette arme. Les calibres nombreux formaient un mélange confus de systèmes français et étrangers. Il y avait, pour chaque calibre, des pièces longues, des pièces moyennes, des pièces courtes, des pièces en bronze, en fer, en fonte, des pièces à la suédoise, des mortiers, des obusiers; on utilisait des poudres, des projectiles, des voitures de tous modèles. Les années de paix du début du règne de Louis XV permirent aux officiers d'artillerie d'effectuer les recherches scientifiques qui allaient amener la refonte du matériel.

Les opinions des différents théoriciens étaient incertaines et contradictoires : les uns voulaient une artillerie légère, les autres une artillerie lourde; les uns voulaient le chargement à la lanterne, les autres prônaient l'emploi des gargousses ; des systèmes d'affûts, de voitures de toutes sortes étaient proposés au conseil chargé d'étudier la réorganisation du matériel.

Une ordonnance royale du 7 octobre 1732 fixa les règles de construction du nouveau matériel, qui allait porter le nom de son auteur (système Vallière), durer, non sans quelques modifications, jusqu'en 1765, reparaître en 1772, pour disparaître définitivement en 1774.

Le fils et successeur de Vallière écrivait en 1774 : « Ce ne fut point arbitrairement et sur des conjectures que M. de Vallière se détermina dans la réforme importante qui lui était confiée. Il avait vu pendant les vingt-huit dernières années du règne de Louis XIV les effets et les inconvénients des différentes artilleries de l'Europe, et il les avait médités à loisir pendant la longue paix dont jouit la France au commencement du règne de Louis XV. Ce fut d'après cette longue étude qu'il conçut le projet si simple et si fécond d'une seule artillerie réduite à cinq calibres, depuis 4 livres jusqu'à 24, *qui tous étaient propres à l'attaque et à la défense des places et dont les trois premiers, combinés suivant les circonstances, l'étaient particulièrement pour la guerre de campagne ; de sorte que, dans le besoin, les places pourraient fournir aux armées et les armées aux places* (1). »

Tout le système de Vallière tient dans ces quelques lignes : Vallière s'attacha à ne rien innover, cherchant seulement à perfectionner, à simplifier et à uniformiser les choses existantes.

a) PIÈCES

Canons. — L'ordonnance royale du 7 octobre 1732 avait pour but de faire cesser la confusion qui existait dans le matériel, de fixer des modèles obligatoires pour toute l'artillerie et de proscrire rigoureusement toute pièce s'écartant du modèle donné :

ART. 1. — Il ne sera dorénavant fabriqué de pièces de canon que du calibre de 24, de 16, de 12, de 8 et de 4 ; des mortiers de 12po juste et de 8 pieds 3 pouces 3 lignes de diamètre ; des pierriers de 15po ; et, pour l'épreuve des poudres, des mortiers de 7po trois quarts de ligne.

ART. 2. — Les dimensions et le poids des pièces de chaque calibre, des mortiers et pierriers, de même que les dimensions de plates-bandes et moulures, la position des anses et des tourillons, et les ornements desdites pièces, mortiers et pierriers demeureront fixés suivant et conformément aux tables, esquisses, plans et coupes que Sa Majesté en a fait dresser et qui seront insérés à la suite de la présente ordonnance, sans que, sous quelque prétexte que ce soit, il puisse y être fait aucun changement.

ART. 3. — La lumière des pièces de canon, mortiers et pierriers sera percée dans le milieu d'une masse de cuivre rouge, pure rosette, bien corroyé, et aura la figure d'un cône tronqué renversé.

---

1. VALLIÈRE, *Mémoire touchant la supériorité des pièces d'artillerie longues et solides.* (Archives de l'artillerie, carton 4-b-14.)

ART. 4. — Il sera fait pour les pièces de canon, ainsi qu'il est marqué aux plans, un canal extérieur, depuis la lumière jusqu'à l'écu des armes de Sa Majesté, de 1 ligne de profondeur et de 6 lignes de large, pour éviter que le vent ne chasse la traînée de poudre.

ART. 5. — La visière et le bouton de mire seront supprimés.

ART. 6. — Les pièces continueront à être coulées par la volée [1].

Le canon de 24 pesait 5 400 livres ou 225 boulets, et correspondait à un canon actuel de 156^{mm};

Le canon de 16 pesait 4 200 livres ou 262 boulets, et correspondait à un canon actuel de 137^{mm};

Le canon de 12 pesait 3 200 livres ou 266 boulets, et correspondait à un canon actuel de 124^{mm};

Le canon de 8 pesait 2 100 livres ou 263 boulets, et correspondait à un canon actuel de 109^{mm};

Le canon de 4 pesait 1 150 livres ou 280 boulets, et correspondait à un canon actuel de 86^{mm}.

Ainsi les cinq canons pesaient à peu près le même nombre de fois le poids de leur boulet. La longueur de ces pièces était de 22 calibres, pour les plus grosses, et allait jusqu'à 26 calibres pour les plus petites. Cet accroissement de longueur entraînait une augmentation de masse pour les pièces de faible calibre. Vallière, en effet, voulait compenser pour ces pièces la faiblesse du calibre par la force de la poudre, et les charges des petites pièces étaient, proportionnellement aux poids des boulets, plus fortes que les charges des gros calibres.

Mortiers. — Le mortier de 12^{po} à chambre cylindrique, correspondant à un canon actuel de 324^{mm}, pesait 1 450 livres. Le mortier de 8^{po},3 à chambre cylindrique, correspondant à un canon actuel de 223^{mm}, pesait 500 livres. Le pierrier à chambre tronconique, correspondant à un canon actuel de 405^{mm}, pesait 1 000 livres.

Fabrication. — Les procédés de fabrication restaient les mêmes que précédemment.

---

1. Ordonnance royale du 7 octobre 1732.

b) PROJECTILES

Poudres. — Les proportions de charbon, de soufre et de salpêtre ne furent pas changées. Les procédés de fabrication restèrent les mêmes. D'après Surirey, il y avait en France, en 1744, vingt moulins à poudre contre vingt-six à la fin du règne de Louis XIV.

Suppression des gargousses. — Vallière adopta pour le service des canons un mode uniforme : le chargement à la lanterne. Il trouvait ce système plus économique, plus facile à employer, en permettant de mieux doser la charge, et surtout plus favorable à l'économie des munitions à cause de sa rapidité limitée. La charge employée fut de 8 livres pour le boulet de 24; 6^{l},5 pour le boulet de 16; 4^{l},5 pour le boulet de 12; 3^{l},5 pour le boulet de 8; 2 livres pour le boulet de 4.

Elle variait du tiers, pour les plus gros calibres, à la moitié pour les plus faibles, ce qui explique le poids relativement plus considérable de ces pièces.

Les charges employées pour les mortiers étaient de 5 livres et demie pour celui de 12^{po}; de 1 livre trois quarts pour celui de 8^{po}; de 2 livres et demie pour le pierrier de 15^{po}.

Boulets et mitraille. — On maintenait toujours le même système de boulets pleins. Les diverses espèces de mitraille employées jusqu'à ce moment furent réduites à une seule, la plus simple, consistant dans des balles de fusil enfermées dans des sacs de toile. Cette mitraille était assez faible, mais son emploi était devenu très rare, par suite de la tactique de cette époque.

Bombes. — Surirey n'indique pas le poids des bombes lancées par les nouveaux mortiers [1]. « Ces bombes font un si grand ravage qu'il n'est presque pas possible de pouvoir y tenir; elles rompent les palissades, les tambours et réduits que l'on fait dans

---

1. D'après Durtubie, en 1789, le poids des bombes de 12^{po} était de 145 livres, celui des bombes de 8^{po}, de 44 livres.

les places d'armes rentrantes, et causent bien plus de désordre que les boulets ; car non seulement elles sont plus grosses et plus pesantes, mais, après avoir fait plusieurs bonds, elles crèvent à l'endroit où elles viennent se terminer et, ne s'enterrant point, leurs éclats sont toujours fort meurtriers. D'autre part, ces mortiers peuvent être servis avec beaucoup plus de célérité que le canon, car il n'est question que de mettre la poudre dans la chambre, la bombe dessus, et tirer... On ne peut donner moins de 8°, parce que sous cet angle le mortier est couché sur l'entretoise de devant de l'affût ; mais, en diminuant la charge, on pourra jeter la bombe aussi près que l'on voudra. Ces mortiers ne doivent jamais être pointés au-dessus de 12° (1).

« Les bombes de 8po, tirées sous un angle compris entre 8° et 12°, ont atteint les distances suivantes :

« A la charge de 1 livre et demie, 200 à 250 toises du premier coup, 300 après ricochets ;

« A la charge de 1 livre, 150 toises du premier coup, 200 à 240 après ricochets ;

« A la charge de 3/4 de livre, 50 à 60 toises du premier coup, 150 après ricochets ;

« A la charge de 1/2 livre, 40 à 50 toises du premier coup, 75 à 100 après ricochets (2). »

Approvisionnements. — L'approvisionnement nécessaire était évalué à 150 coups par pièce pour les pièces de 4, 115 environ pour les pièces de 8 et de 12.

Cependant, certains auteurs préconisaient l'emploi des cartouches à boulet afin d'augmenter la rapidité du tir ; de Quincy, sur un approvisionnement de 150 coups pour les pièces courtes, demandait 30 coups à cartouches et 20 coups à mitraille.

c) AFFUTS ET ACCESSOIRES

Les idées adoptées à cette époque sur l'emploi de l'artillerie en campagne exigeant pour celle-ci peu de mobilité, Vallière s'oc-

1. Rapport du maréchal de Belle-Isle (Archives de l'artillerie).
2. COLIN, *Les Campagnes du maréchal de Saxe*, t. I, p. 57.

cupa très peu de perfectionner les affûts et les voitures ; il essaya seulement d'apporter une grande simplification dans cette partie du matériel.

Le même système de voitures fut employé pour toutes les pièces. Vallière repoussa même toutes les propositions qui lui furent faites pour l'amélioration des affûts.

Les pièces de campagne ordinaires avec affût et avant-train pesaient, celle de 4 : 2 438 livres, soit 1 200 kilogr. (la pièce de 80 d'aujourd'hui pèse 1 600 kilogr.) ; celle de 8 : 3 579 livres, soit 1 750 kilogr. (la pièce de 90 d'aujourd'hui pèse 2 000 kilogr.) ; celle de 12 : 4 966 livres, soit 2 430 kilogr. (la pièce de 120 d'aujourd'hui pèse 2 400 kilogr.).

La pièce de 12 était attelée à neuf chevaux, celle de 8 à sept chevaux, celle de 4 et les caissons de tous modèles à sept chevaux (1).

d) ORGANISATION DU MATÉRIEL

Sur 100 canons, les parcs de Vallière comprenaient en moyenne 80 canons de 4, 10 canons de 8, 5 canons de 12, 5 canons de 16. Les pièces de 24 étaient presque entièrement abandonnées en campagne. Cependant, si l'on parcourt les états fixant la composition des divers parcs de campagne pendant les guerres du milieu du siècle, on remarque de nombreuses différences entre eux.

Comme précédemment, toute l'artillerie était réunie dans le parc et organisée par spécialités : personnel, matériel, charrois. Mais un grand progrès était réalisé par la réunion des officiers d'artillerie aux troupes. De cette façon, ceux-ci arrivaient avec des troupes toujours sous leurs ordres, pour prendre les divers éléments du matériel. Les différentes spécialités commençaient à se réunir dans les marches et les campements.

Composition de l'équipage d'artillerie destiné à l'armée des Flandres en 1748 (2)

Pièces de 16. — 14 canons, 26 voitures, 262 chevaux, répartis en deux brigades.

1. D'après Colin, *loc. cit.*, p. 58.
2. Archives de l'artillerie, carton 3-b-101.

Composition d'une brigade : 7 canons (77 chevaux), 1 charrette d'outils (4 chevaux), 1 affût de rechange (6 chevaux), 7 charrettes de 85 boulets de 16 (28 chevaux), 4 charrettes de poudre (16 chevaux).

Pièces de 12. — 16 canons, 24 voitures, 241 chevaux répartis en deux brigades.

Composition d'une brigade : 8 canons (72 chevaux), 1 charrette d'outils (4 chevaux), l'affût de rechange (4 ou 5 chevaux), 7 charrettes chargées de 115 boulets (28 chevaux), 3 charrettes de poudre (12 chevaux).

Pièces de 8. — 30 canons, 33 voitures, 312 chevaux répartis en trois brigades.

Composition d'une brigade : 10 canons (60 chevaux), 1 charrette d'outils (4 chevaux), 1 affût de rechange (4 chevaux), 6 charrettes de 167 boulets (24 chevaux), 3 charrettes de poudre (12 chevaux).

Pièces de 4 ordinaires. — 80 canons, 56 voitures, 544 chevaux, répartis en huit brigades.

Composition d'une brigade : 10 canons (40 chevaux), 1 charrette d'outils (4 chevaux), 1 affût de rechange (4 chevaux), 2 charrettes de gargousses (8 chevaux), 3 charrettes de 366 boulets de 4 (12 chevaux).

Pièces de 4 à la suédoise [1]. — Une brigade : 10 canons, 7 voitures, 46 chevaux (1 charrette d'outils à 4 chevaux, 1 affût de rechange à 2 chevaux, 2 charrettes de gargousses à 4 chevaux, 3 charrettes de 366 boulets à 4 chevaux).

Grand parc. — 28 caissons portant chacun 14 400 cartouches d'infanterie, 32 charrettes chargées de cartouches, 30 charrettes de poudre et plomb, 4 charrettes de 25 outils. Total : 94 voitures, 376 chevaux.

Petit parc. — 4 forges roulantes à 5 chevaux, 23 charrettes ou caissons d'outils à 4 chevaux. Total : 27 voitures, 112 chevaux.

Équipages de pont. — 70 pontons français, 30 pontons hollandais, 10 haquets de rechange, 20 forges ou voitures d'agrès. Total : 130 voitures, 520 chevaux.

---

1. Ce genre de pièces dont il sera question plus loin venait d'être récemment adopté.

		CANONS	VOITURES	CHEVAUX
Récapitulation — Pièces	de 16	14	26	262
	de 12	16	24	241
	de 8	30	33	312
	de 4 ordinaires	80	56	544
	à la suédoise	10	7	46
	Grand parc	»	94	376
	Petit parc	»	27	112
	Équipages de pont	»	130	520
Équipages de MM. les officiers		»	»	332
A M. le grand-maître		»	»	100
Équipages des entrepreneurs		»	»	120
		150	397	2 965

Gargousses de parchemin chargées pour pièces de 4			18 000
Boulets	de 16	2 800	30 000
	de 12	3 200	
	de 8	6 000	
	de 4	18 000	
Cartouches à grappes de raisin et à boîtes de fer-blanc	de 8	150	680
	de 12	80	
	de 4	450	
Cartouches d'infanterie en caisses et barils			1 152 000
Poudre	pour le canon	56 000l	100 400l
	pour l'infanterie	44 400l	
Plomb en balles de dix-huit à la livre			48 000
Pierres à fusil			300 000
Outils de pionniers de toute espèce			7 200
— tranchants, haches et serpes			1 400

Composition de l'équipage de campagne destiné à l'armée du duc de Broglie en Allemagne en 1761 (1)

Pièces de 16. — 20 canons, 145 voitures, 690 chevaux, répartis en cinq divisions.

Composition d'une division : 4 canons, 2 chariots, 1 affût de rechange, 16 caissons de cartouches à canon, 4 caissons de cartouches à fusil, 2 caissons de cartouches à canon d'infanterie. Total : 29 voitures, 138 chevaux.

Pièces de 12. — 36 pièces, 198 voitures, 906 chevaux, répartis en six divisions.

1. Archives de l'artillerie, carton 3-b-141.

Composition d'une division : 6 canons, 2 chariots, 1 affût de rechange, 18 caissons de cartouches à canon, 4 caissons de cartouches à fusil, 2 caissons de cartouches à canon d'infanterie. Total : 33 voitures, 151 chevaux.

Pièces de 8. — 36 pièces, 162 voitures, 690 chevaux, répartis en six divisions.

Composition d'une division : comme pour les pièces de 12, sauf 6 caissons de cartouches à canon en moins. Total : 27 voitures, 115 chevaux.

Pièces de 4. — 24 pièces, 84 voitures, 336 chevaux, répartis en quatre divisions.

Composition d'une division : 6 pièces, 1 affût de rechange, 2 chariots, 6 caissons de cartouches à canon, 4 caissons de cartouches à fusil, 2 caissons de cartouches à canon d'infanterie. Total : 21 voitures, 84 chevaux.

Obusiers. — 4 pièces, 29 voitures (dont 16 caissons d'obus), 121 chevaux.

Récapitulation		CANONS	VOITURES	CHEVAUX
Pièces	de 16	20	145	690
	de 12	36	198	906
	de 8	36	162	690
	de 4	24	84	336
Obusiers		4	29	121
		120	618	2 743

Un autre état de la même année fixe les proportions à employer pour un équipage de 120 bouches à feu, à 20 pièces de 16, 44 pièces de 12, 32 pièces de 8, 20 pièces de 4 et 4 obusiers, emportant 200 coups par pièce.

II — INTRODUCTION EN FRANCE DU CANON A LA SUÉDOISE

Dès l'origine de l'artillerie, on trouve des canons légers (arquebuses à croc, orgues ou fanions) adjoints aux avant-gardes et aux détachements de cavalerie. Cette tradition se perdit en France au dix-septième siècle, tandis qu'elle reprenait une vigueur nouvelle chez les nations voisines.

Au début du dix-huitième siècle, la plupart des États de

l'Europe centrale avaient doté leur infanterie de pièces d'artillerie légère (4 par régiment), dites *à la suédoise,* parce que cette nouveauté, introduite par Gustave-Adolphe et maintenue par Charles XII, avait procuré aux Suédois une partie de leurs succès.

Il semblait donc que nos armées dussent se trouver, en cas de guerre avec l'Empire, dans un état de grande infériorité au point de vue de la puissance du feu. En 1737, sur le rapport d'un officier de cavalerie familier avec l'organisation suédoise (le chevalier de Bellac), le comte de Belle-Isle, lieutenant-général gouverneur de Metz, fit fondre une pièce et construire un affût à la suédoise et exerça à son maniement les soldats d'infanterie qui, au bout de huit jours, arrivèrent facilement à tirer 10 coups par minute.

Le ministre de la guerre (comte de Breteuil), informé de ces résultats, fit renouveler les expériences (1740) en essayant, à cette occasion, un nouvel affût à limonière inventé par le capitaine Cuisinier, commandant la compagnie d'ouvriers d'artillerie de Metz; celles-ci furent si concluantes que le roi autorisa la fonte de cinquante pièces à la suédoise.

Ces canons furent forés sur calibre de 4, comme les plus petites pièces du système Vallière [1]; mais ils n'avaient que 17 calibres de longueur, au lieu de 26, et ne pesaient que 600 livres (cent cinquante fois le poids du boulet) au lieu de 1 150. Leur charge de poudre, d'abord établie à 2 livres, fut encore réduite jusqu'à 1 livre 1/3 après les démonstrations de Bélidor. Le nouvel affût, plus léger, plus facile à atteler que l'ancien, était pourvu d'une vis de pointage remplaçant les coins de mire et portait un coffre de chargement entre les flasques. L'affût et la pièce formaient un tout si léger qu'il n'était pas besoin de chevaux pour le traîner et qu'il pouvait être traîné facilement à bras d'hommes. Cette pièce devait rester constamment avec les troupes d'infanterie.

Telle est l'origine du canon d'infanterie, qui allait devenir le modèle général de notre artillerie de campagne et qui fit toutes les guerres de la Révolution et de l'Empire.

Après l'expérience désastreuse de la campagne de 1741, notre

---

1. Les pièces suédoises étaient du calibre de 3. Du Brocard, lieutenant-général d'artillerie, fit adopter le calibre de 4, pour simplifier les approvisionnements.

matériel d'artillerie étant épuisé, les hommes de guerre n'eurent qu'une voix pour réclamer un système de pièces plus courtes et plus légères que celles établies par Vallière. Folard demandait de doter les parcs d'armée de pièces à la suédoise, qui venaient de faire leurs preuves dans la belle retraite de Prague, et Quincy, de revenir aux cartouches à boulets, pour augmenter la rapidité du tir ; les plus modérés exigeaient de l'artillerie nouvelle une mobilité suffisante pour qu'elle fût en état de suivre partout les autres armes et de les appuyer sur tous les terrains. On continua donc, en attendant mieux, de fabriquer de nouvelles pièces légères de 4.

En mai 1744, le parc d'artillerie de l'armée des Flandres comprenait, sur 60 pièces : 4 de 12, 6 de 8, 40 de 4 ordinaires et 10 de 4 à la suédoise.

En 1745, l'artillerie de campagne du maréchal de Saxe comprenait, sur 100 pièces : 8 canons de 12, 6 de 8, 36 de 4, approvisionnés à 150 coups par pièce, et 50 canons à la suédoise approvisionnés à 200 coups par pièce.

Après Fontenoy, on diminua le nombre de pièces à la suédoise et, en 1748, sur 156 pièces de canon, il y avait à l'armée des Flandres 14 canons de 16, 16 de 12, 30 de 8, 80 de 4, et 10 pièces à la suédoise.

On conçoit le gros inconvénient de ces pièces, qui était de distraire des grosses batteries, au début du combat, une notable proportion du personnel d'artillerie pour le détacher avec l'infanterie au service des pièces à la suédoise. De là les renforcements successifs que reçut le Corps-Royal, entre 1745 et 1755, toute autre solution étant ajournée par déférence pour le duc du Maine, grand-maître de l'artillerie de France et fort jaloux des prérogatives de son arme.

Le nombre de ces bouches à feu ayant continué de s'accroître et le duc du Maine étant mort peu après, les canons à la suédoise reçurent leur consécration officielle.

Une ordonnance du roi du 20 janvier 1757 décida :

ART. 1. — Il sera délivré dorénavant, à l'entrée en campagne, des magasins de l'artillerie, une pièce de canon à la suédoise à chacun des bataillons d'infanterie, tant française qu'étrangère, qui seront destinées à servir en campagne.

ART. 2. — Ladite pièce à la suédoise sera montée sur son affût et un avant-train ; elle sera garnie d'un coffre qui contiendra les munitions nécessaires.

Ces canons étaient attelés à trois chevaux. Le coffre d'avant-train contenait 55 coups. Le parc d'artillerie était pourvu de caissons destinés à porter les munitions de ces pièces, qui n'étaient pas approvisionnées pour un feu prolongé.

Le service de ces pièces enlevé à l'artillerie était confié à l'infanterie : 1 sergent et 16 soldats choisis dans le bataillon étaient chargés de servir le canon et jouissaient d'une haute paye.

Le service des canons d'infanterie subit d'assez nombreux changements ; en raison de la négligence trop souvent constatée de la part des troupes d'infanterie dans l'usage et même dans la conservation de leur artillerie à la suédoise, les canons de 4 furent repris par le corps d'artillerie en 1765, lors de la réorganisation de Gribeauval. En 1773, on affecta d'abandonner les détails mêmes de cette arme et, le personnel de l'artillerie ayant été réduit, les canons à la suédoise furent rendus à l'infanterie, jusqu'à la remise en vigueur définitive des dispositions de Gribeauval, qui eut lieu l'année suivante (1774).

III — DÉCOUVERTE DE BÉLIDOR (1739)

L'absolutisme étroit de M. de Vallière avait fait oublier les ingénieuses trouvailles des Gonzalès et des La Frézelière, et la technique des canonniers français était redevenue sensiblement la même qu'au XVIe siècle. En 1730 comme en 1530, on considérait généralement que le boulet était chassé d'autant plus loin que la charge de poudre était plus voisine des deux tiers de son poids, et à nouveau on donnait aux façons des canons l'épaisseur nécessaire pour supporter sans rupture cette charge maxima. Cette loi continua à présider aux constructions de l'artillerie jusqu'au triomphe des théories de Bélidor [1].

1. Bélidor (Bernard Forest de), professeur à l'école des élèves de La Fère, démontra

Ce savant et patient physicien, professeur à l'école de La Fère, avait entrepris de régler scientifiquement les charges de poudre utilisées pour chasser le projectile : « La poudre qui s'enflamme dans les derniers instants, disait-il, est en bien plus grande quantité que celle qui agit au commencement de l'explosion; l'on voit qu'il s'en faut bien qu'un boulet ou une balle reçoivent toute l'impulsion de la poudre, et ce serait même beaucoup s'ils en recevaient la moitié. » En conséquence, il proposait soit de revenir aux chambres sphériques de la *nouvelle invention,* qui accéléraient la déflagration des gaz, soit de ralentir la sortie du projectile en l'obligeant à suivre des rayures.

Une opposition violente de la part des officiers généraux d'artillerie accueillit les conclusions de Bélidor; mais après les épreuves faites à Metz, sous la direction même du maréchal de Belle-Isle, on se décida enfin à réduire le poids de la charge au tiers du poids du boulet. Ce changement conduisait à diminuer la longueur et l'épaisseur des pièces; mais l'opposition acharnée de Vallière à tout allégement empêcha de réaliser ce progrès décisif avant 1765.

Il est intéressant à ce sujet de reproduire les renseignements suivants sur le tir des bouches à feu à cette époque.

« Les écrivains militaires de cette époque donnent peu de renseignements sur le tir et les effets du tir des bouches à feu, et ce silence tient sans doute à ce que le peu de précision des pièces, l'absence de toute mesure des distances et surtout les procédés de pointage, on ne peut plus primitifs, empêchaient de savoir à quelle distance on avait pu tirer. Gribeauval devait accroître la précision et la portée du tir dans d'énormes proportions en adoptant la hausse; mais l'introduction de ce premier organe mécanique soulève d'abord les mêmes reproches de complication qui accueilleront tour à tour tous les perfectionnements du matériel d'artillerie. La hausse, connue bien avant Vallière, fut rigoureusement proscrite par lui.

« On se contentait donc de pointer par la génératrice supérieure

le premier que la portée n'était pas proportionnelle à la charge de poudre. Destitué par suite de la haine de ses contradicteurs, il fut réintégré en 1744, et lorsqu'il mourut en 1761, àl Arsenal, à 71 ans, il était inspecteur de l'artillerie. Il a laissé de nombreux ouvrages sur les mathématiques et les sciences de l'artillerie et des ingénieurs.

de la pièce, sauf dans le tir de siège, où l'on se servait parfois du quart de cercle pour donner l'angle. On conçoit que le pointage par la génératrice de la pièce fût très imparfait ; mais, théoriquement même, il ne pouvait convenir qu'au cas où le but se trouvait exactement à la rencontre de cette ligne de mire LM et de la trajectoire, au point B qu'on appelait le but en blanc. Si le but se trouvait à une distance moindre que celle du but en blanc, en

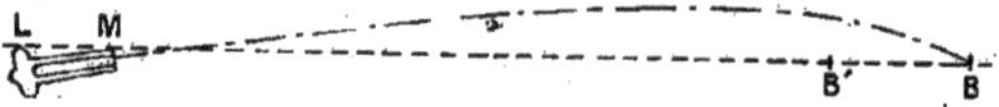

B', il fallait abaisser la trajectoire et, par conséquent, viser au-dessous du but, d'une quantité que le pointeur ou l'officier appréciaient au jugé. On imagine aisément le degré de précision que ce procédé pouvait procurer(1). Or, les pièces étaient elles-mêmes assez peu précises. En relevant les résultats d'un certain nombre de tirs d'expérience, exécutés en donnant l'angle au niveau et en mesurant exactement la distance de la batterie au point de chute, on trouve entre la plus grande et la plus petite portée obtenue le même jour, avec le même angle, une différence approchant du huitième de la portée. Par exemple, les pièces de 8 et de 12, sous l'angle de 4°, ont donné des portées variant de 740 à 810 toises. Il n'est donc pas exagéré d'admettre qu'en tenant compte des erreurs de pointage, l'écart pouvait aller au cinquième ou au sixième de la portée.

---

1. « Lorsque les circonstances ne permettaient pas l'usage des hausses, nos bons aïeux avaient recours au pointement par les côtés pour prendre la direction, ou bien ils commençaient par diriger la pièce en pointant vers l'objet ras le métal, et ensuite la relevaient ou la baissaient, et, pour prendre l'angle de projection convenable à l'éloignement, ils employaient le quart de cercle, qu'ils appelaient l'équerre du canonnier, et que chacun compliquait plus ou moins suivant son goût et sa science vraie ou prétendue.

« Les anciens auteurs donnent sujet de croire que l'usage des hausses et de l'équerre du canonnier n'avait lieu que contre des forteresses ou dans les exercices d'écoles, et que, dans les actions de campagne, le coin de mire seul était admis ou quelque chose d'aussi simple.

« De notre temps, après avoir banni le gros et ridicule guidon placé au plus grand renflement du bourrelet, on ne se rappelait pas seulement l'idée de hausse ou d'équerre du canonnier (du moins en France) et l'on se contentait, hors des limites du but en blanc primitif, d'observer les coups, et, quand on avait trouvé l'angle de projection convenable, on l'assurait par quelques marques au coin de mire, que l'on fixait. Je ne dis pas que cette méthode soit préférable à toute autre, mais en la suivant l'artillerie française eut de grands succès durant les dernières guerres, tant aux sièges qu'aux batailles. »

(*Réflexions sur la pratique raisonnée du pointement des canons dans les actions de campagne*, par M. DE SENNEVILLE [Archives de l'artillerie, 1764]).

« Les préjugés et la routine continuent à obscurcir la question de la portée des pièces. On employait déjà le terme vague de portée efficace, sans l'avoir défini, de sorte que les divers écrivains en donnent des valeurs très différentes et toutes inférieures à celles que nous relèverons sur les plans des champs de bataille de Fontenoy, etc. On invoquait déjà l'impossibilité de pointer au delà d'une certaine distance ; en 1744, c'était au delà de 500 toises que le pointeur ne pouvait distinguer les objets (et il s'agissait d'un tir à 100 mètres près!), ce qui n'empêchera pas d'arrêter net le mouvement offensif des Hollandais contre Anthoin (bataille de Fontenoy), au moyen d'une batterie située à 800 ou 900 toises de là.

« Pour imaginer exactement ce qu'on pouvait demander aux pièces de l'artillerie lisse, il faut se rappeler d'abord que leur portée maximum, sous un angle voisin de 45°, était de :

2 200 toises	pour le canon de	24
2 000	—	16
1 800	—	12
1 675	—	8
1 460	—	4

« Les affûts ne permettent pas de tirer sous un angle supérieur à 15°.

« Sous l'angle de 15°, on obtenait encore :

1 670 toises	avec le canon de	24
1 550	—	12
1 440	—	8
1 300	—	4

« De sorte que, pratiquement, on aurait pu tirer à 3 000 mètres, comme aujourd'hui, et l'on ne s'en faisait pas faute dans la guerre de côtes et parfois dans la guerre de siège. Dans le cas le plus général, on était obligé de s'en tenir à des portées beaucoup plus faibles : 1° à cause du défaut de précision du tir, qui donnait des écarts inadmissibles aux grandes distances (environ 400 mètres à 3 000 mètres) ; 2° à cause de la nécessité d'obtenir des ricochets, qui, seuls, compensaient le défaut d'efficacité d'un tir à boulets pleins, déjà peu précis ; 3° à cause de l'impossibilité d'étendre à de grandes distances le procédé de pointage au jugé auquel on s'était condamné.

« Pratiquement, on s'en tient donc aux portées correspondant à des angles de 8° et au-dessous, ce qui donne près de 1 000 toises. La pièce de 4, sous l'angle de 6°, donne une portée de 800 toises.

« Les boulets lancés par les canons de campagne pouvaient traverser plusieurs files ; quant à la puissance de pénétration, il est difficile de l'évaluer dans la plupart des cas. On sait seulement que, dans la guerre de siège, on faisait le tir en brèche à 300 mètres environ, et qu'à cette distance les boulets pénétraient à une profondeur de 1 à 4 mètres, suivant la nature des terres (un boulet de 24 entre de 12 pieds dans un rempart ordinaire).

« Ainsi que nous l'avons indiqué, les tirs à ricochet, à projectiles creux ou à mitraille, donnaient seuls des résultats appréciables contre le personnel. Un boulet plein qui n'aurait pu frapper que son premier point d'impact, éloigné souvent de 100 à 200 pas du but, aurait été un engin peu redoutable. Le ricochet portait à 20 ou 30 toises au moins, et le plus souvent à 100 toises, la zone dangereuse en arrière du premier point de chute. On peut dire que le ricochet tenait lieu de la gerbe d'éclatement qui étend aujourd'hui à 200 ou 250 mètres la zone d'action de nos obus.

« On a peine à s'imaginer aujourd'hui l'extrême vitesse de tir qu'on obtenait avec les pièces lisses ; mais la concordance absolue de tous les documents ne permet pas de la mettre en doute. Bélidor donne, pour ses tirs d'expériences, des chiffres d'où il résulte qu'il tirait les mortiers de 12 et de 8, sous l'angle de 8°, à la vitesse de 1 à 2 coups par minute, sans se presser. Quant aux canons, le tir des pièces de 24 et de 16 était assez lent, à cause de la remise en batterie de ces énormes machines; mais le 12 tirait 1 à 2 coups par minute, et le 8 plus de 2 coups. Le canon de 4 ordinaire pouvait tirer 3 coups ; le canon de 4 à la suédoise, 8 à 10 coups. Les pièces de 3 à la Rostaing, qu'on adopta en 1757, furent déclarées préférables aux précédentes parce qu'elles pouvaient tirer 11 coups au lieu de 8.

« Cette rapidité s'explique par ce fait qu'il ne s'agit évidemment que du tir à courte distance (200 à 300 toises) contre le personnel, dans un instant décisif, où l'on emploie soit le tir à mitraille, soit le tir à ricochet, et où le but se présente avec une dimension angulaire telle que tout pointage devient inutile. Il suffit donc de jeter la gargousse, puis le boulet, dans l'âme de la pièce (profonde seulement de $1^{m},20$ dans les pièces à la suédoise) et de mettre le feu [1]. »

IV — CANONS A LA ROSTAING (1741-1748)

Pendant qu'il était question de donner à l'infanterie des pièces à la suédoise, un officier d'artillerie, le marquis de Rostaing, proposa un nouveau système de canons de bataillon encore plus légers. Ces canons, du poids de 200 livres seulement, tiraient un boulet de 2 livres et demie. Ils pouvaient, en cas de nécessité, être portés à bras par quatre hommes, et l'affût, démontable, était aussi portatif. Il suffisait pour les traîner soit d'un cheval attelé, soit de quatre hommes à la bretelle [2]. La vitesse de tir pouvait atteindre 20 coups par minute. Enfin, il portait entre les flasques un coffret contenant 60 coups, et un cheval de bât pouvait le suivre, portant 120 coups dans des caisses.

Cette artillerie ultra-légère, qui a inspiré l'artillerie de montagne actuelle, eut, elle aussi, sa consécration pendant la guerre de Sept ans. Le maréchal de Saxe obtint de faire construire des canons légers (1746) et il eut dans son armée deux pièces à la Rostaing par bataillon. Mais ces canons ne répondirent pas aux espérances que l'on avait conçues, malgré la bonne volonté des soldats employés à les servir, et, après la paix, en 1748, ils furent retirés de l'infanterie.

V — ESSAI D'ALLÉGEMENT DE L'ARTILLERIE DE PARC PAR LE FORAGE (1756)

Dans la campagne d'Allemagne de 1756, le maréchal de Broglie avait à lutter contre un ennemi pourvu d'une artillerie de cam-

1. Colin, *loc. cit.*, p. 60 sqq.

2. Dans la guerre de Sept ans, les Autrichiens avaient deux pièces de 3 par bataillon, traînées par des hommes.

pagne une fois plus nombreuse que la sienne, et à laquelle il était constamment obligé d'opposer, au prix de mille difficultés, sa lourde artillerie de parc.

Voulant tenter de recouvrer l'équivalence de la mobilité par l'allégement de son matériel, il fut conduit à faire forer à nouveau ses pièces moyennes de 8 et de 12, et à en augmenter les calibres, pour les transformer en pièces de 12 et de 16, beaucoup plus légères que les mêmes pièces du modèle normal. Cette transformation ne donna pas de résultats parfaits au point de vue balistique, car la résistance des parois avait diminué au point de faire modifier la charge de poudre et la portée des pièces. Mais elle permit de faire marcher avec les gros détachements un plus grand nombre de canons moyens, de faire passer aux avant-gardes et petits détachements les anciens canons de 4 et de laisser aux régiments toutes les pièces légères de 4 qui leur avaient été données.

Le parc d'armée se trouvait alors réduit aux anciennes pièces de 16 et au matériel de siège.

§ 3 — Transformation du matériel d'artillerie Système de Gribeauval

En 1763, un mémoire, fait pour le ministre de la guerre et soumis ensuite à l'examen de Gribeauval, examinait la situation du matériel d'artillerie à cette époque et débutait ainsi :

« La situation dans laquelle se trouve aujourd'hui l'artillerie est effrayante, et il est certain qu'il faut avoir du courage et de la fermeté pour en faire l'exposition : on ne sera cependant point étonné de l'état de pénurie dans lequel est réduite cette partie essentielle du service, lorsqu'on saura que la guerre de 1741, pendant laquelle on a fait une quantité innombrable de sièges, et livré chaque campagne une ou plusieurs batailles, ayant épuisé tout ce que l'on avait pu rassembler en tous genres dans les magasins et dans les arsenaux de l'artillerie, on s'est trouvé pendant la paix qui a succédé à cette guerre et qui a précédé celle de 1756 hors d'état de pouvoir faire aucun rassemblement ni aucun approvisionnement faute de secours et de moyens, de façon qu'on peut dire que ce qui a été consommé d'artillerie pendant la guerre dernière, chaque campagne, avait été construit et rassemblé à grands frais et *sans choix* l'hiver qui avait précédé la campagne [1]. »

Les améliorations réclamées pour le matériel portaient principalement sur les points suivants :

1° Fixation invariable des calibres de campagne et de siège ;

2° Composition d'un équipage de campagne pour une armée de 100 000 hommes. Proportion des équipages à la force des armées ;

3° Mode d'emploi du canon d'infanterie : doit-il rester avec l'infanterie ou venir combattre avec le parc d'artillerie ? Doit-il être servi par des canonniers ou par des soldats d'infanterie ?

4° Fixation du meilleur modèle pour les affûts ainsi que pour tous les accessoires d'artillerie. Uniformité de construction dans les arsenaux ;

5° Fixation des règles de construction pour les obusiers et leurs affûts ;

6° Fixation des règles de construction pour les mortiers et leurs affûts ;

7° Modèles de caissons ;

8° Fixation du vent des boulets, de la forme des gargousses, des cartouches, etc., etc., etc.

Gribeauval remania le matériel de manière à lui donner plus de solidité, de mobilité et d'uniformité et à obtenir une plus grande rapidité et une plus grande justesse de tir. L'idée sur laquelle est basée toute son organisation est l'établissement d'un matériel distinct pour chacun des services de campagne, de siège, de place et de côte.

a) PIÈCES

Canons. — La commission chargée de suivre les expériences de Gribeauval et réunie à Strasbourg en 1764 avait pour but immédiat de déterminer « à quel point il était possible d'alléger les

1. Archives de l'artillerie.

pièces qui sont nécessaires à la suite des armées, pour se composer une artillerie aussi mobile qu'était devenue celle des puissances avec lesquelles on venait de faire la guerre, en laissant d'ailleurs à cette artillerie toute la solidité requise pour le service et pour l'effet, en général, qu'on avait à en attendre » ([1]).

On convint immédiatement de renoncer au calibre de 16 comme trop lourd, de limiter au calibre de 12 l'artillerie de campagne et de borner aux calibres de 12, de 8 et de 4, les épreuves d'allégement que l'on se proposait de faire. Il était bien entendu, cependant, que ces pièces devraient maintenir une portée de 500 toises.

Gribeauval en conséquence demanda la réduction de la longueur à 18 calibres, et du poids de la pièce à environ cent cinquante fois le poids du boulet.

A la suite des expériences de Strasbourg, l'artillerie de campagne fut réduite aux calibres de 12 (pesant 1 800 livres, au lieu de 3 200), de 8 (pesant 1 200 livres, au lieu de 2 100) et de 4 (pesant 600 livres, au lieu de 1 150).

Les canons de 24 et de 16 furent conservés pour l'artillerie de siège.

Obusiers. — L'obusier, inventé à l'étranger, avait été jusqu'alors peu en usage en France où on utilisait seulement les obusiers pris à l'ennemi. Gribeauval décida de fabriquer pour l'artillerie de campagne un obusier du calibre de 6^{po} (162^{mm}). En 1771 il existait en France 64 obusiers de 6^{po}.

Mortiers. — Les épreuves que Gribeauval fit exécuter sur les mortiers de 12^{po} à chambre cylindrique montrèrent que soixante à soixante-dix coups suffisaient pour mettre ces pièces hors de service. Il fit alors essayer des mortiers renforcés de plusieurs modèles destinés à lancer des bombes de 12^{po} à la distance de 1 200 toises : les mortiers de ce calibre furent toujours mis hors de service après un petit nombre de coups. Il fit alors diminuer le calibre en renforçant le mortier et la bombe et il adopta un mor-

1. Ducoudray, *L'Artillerie nouvelle*, p. 13.

tier de 10^po, qui, chargé de 7 livres de poudre, portait sa bombe au delà de 1 200 toises et résistait mieux que les anciens mortiers de 12^po, tout en conservant ces derniers afin d'utiliser les anciens approvisionnements.

En 1785, Gomer, officier général d'artillerie, proposa des mortiers dont la chambre avait la forme d'un cône tronqué qui se raccordait avec l'âme. Les mortiers de 12^po portaient à 1 300 toises sans briser les bombes. Gribeauval adopta des mortiers à la Gomer de 12^po, de 10^po et de 8^po.

Fabrication. — Les canons furent coulés pleins, puis forés pour éviter les inconvénients du noyau, et la surface extérieure presque entièrement façonnée sur le tour fut déterminée avec précision : ce mode de travail entraînait la suppression des ornements qui enrichissaient les pièces de Vallière. La lumière fut percée dans un grain en cuivre rouge vissé à froid. Les tourillons reçurent des embases destinées à fixer la pièce entre les flasques de son affût et à fournir dans cette partie une plus grande quantité de métal en fusion, pour éviter les défauts de fonte fréquents et particulièrement nuisibles dans cette partie qui supporte tout l'effort du recul.

L'obusier fut également coulé plein ; après plusieurs essais infructueux du même procédé pour les mortiers, on continua à couler ceux-ci sur le noyau.

Ducoudray donne les renseignements suivants sur les changements relatifs aux fontes :

« Jusqu'à l'époque des mutations dont nous parlons, la partie des fontes avait été totalement abandonnée aux fondeurs. L'œil de l'officier d'artillerie, qui doit présider à cette partie comme à toutes les autres, n'avait été compté que pour les réceptions. Et il est aisé de se former une idée de la manière dont ces réceptions se faisaient.

« D'abord on n'avait point de mesure plus fixe que les pieds-de-roi ordinaires qui diffèrent quelquefois entre eux de plusieurs lignes. Ce défaut de mesure fixe était commun à toutes les parties de l'artillerie ; mais il était bien plus de conséquence pour la partie des fontes, où l'on doit exiger les dimensions les plus précises.

« Il y avait si peu d'exactitude dans la réception des pièces, à cet égard, qu'on trouve dans nos places des pièces de même calibre dont les bouches ou les âmes diffèrent entre elles de 2 lignes, d'autres où le métal est distribué avec une inégalité sensible.

« La même inexactitude se trouve dans les dimensions extérieures ; mais c'est surtout relativement aux tourillons que cette inexactitude est de conséquence.

« Il est des pièces dont les deux tourillons sont très sensiblement inégaux; dans d'autres ces tourillons sont inégalement placés sur l'axe de la pièce ; d'où il résulte :

« 1° L'impossibilité de placer la pièce sur le milieu de l'affût, ce qui oblige à laisser plus d'ouverture aux flasques qu'il ne serait nécessaire, et souvent même à délarder un flasque pour en rengraisser un autre, sans pouvoir cependant empêcher la pièce de se jeter dans le tir sur un des côtés de l'affût et de le disloquer en peu de temps ;

« 2° L'impossibilité de substituer des sous-bandes entières aux heurtoirs et contre-heurtoirs, dont nous avons fait sentir plus haut les défauts, et l'obligation de n'employer que des demi-sous-bandes qui permettent de recouper du bois à chaque flasque relativement à la position et à la forme de chacun des tourillons;

« 3° La nécessité d'affecter à un très grand nombre de pièces des affûts particuliers.

« On sent assez l'embarras où jettent ces inconvénients pour les approvisionnements d'affûts et pour les rechanges.

« Le manque d'exactitude dans la grosseur et dans l'emplacement des tourillons des mortiers était le même; mais il avait moins de suite; ce vice étant d'une conséquence plus grande à mesure que la pièce a plus de longueur.

« Les tourillons des canons et des mortiers avaient encore le défaut commun d'être placés trop bas.

« L'ordonnance de 1732 avait placé l'axe des tourillons des canons à un demi-calibre au-dessous de l'axe de la pièce pour pouvoir élever d'autant la genouillère, et couvrir par là d'environ 3 pouces de plus l'affût et les rouages.

« Cet avantage peut être de quelque considération en batterie.

Mais cette position de l'axe contribuant au ploiement de toute la volée, puisque la pièce fouette d'autant plus que son point d'appui est plus éloigné de son axe, il resterait au moins à examiner si l'accélération de la destruction de la pièce, qui résulte évidemment de cette position des tourillons, est assez balancée par l'avantage de couvrir en batterie l'affût et les rouages de 3 pouces de plus.

« Mais cette question ne pouvant évidemment avoir lieu que pour des pièces qu'on met en batterie, elle ne pouvait regarder l'artillerie de campagne. Ainsi, en attendant qu'on fût d'accord sur ce point relativement aux pièces de siège, on a pris le parti de placer l'axe des tourillons des pièces de bataille seulement entre deux et trois lignes au-dessous de l'axe. On a donné ces deux lignes pour les erreurs qui pouvaient se rencontrer dans la construction des pièces, afin que si, par malfaçon, l'axe des tourillons venait à se rencontrer, dans la construction de la pièce, tant soit peu au-dessus de celui de la pièce, la culasse ne fût pas dans le cas de lever à chaque coup.

« On a observé encore, relativement aux tourillons tant des pièces que des mortiers, que le métal, dans la coulée, ne faisant pas les affaissements librement dans cette partie comme dans tout le reste, et que s'y refroidissant d'ailleurs plus tôt, il y est nécessairement moins dense et moins uni : on a donc cru devoir suppléer par la quantité de matière à l'altération que la fonte recevait nécessairement dans cette partie qui souffre tout l'effort.

« C'est en conséquence de ces réflexions qu'on a donné, aux tourillons des canons et des mortiers, des embases qui, outre l'avantage de les renforcer, ont encore celui de les mieux contenir dans l'encastrement et, en déterminant mieux leur position, de ménager davantage les affûts (1).

Réception des pièces. — « Pour remédier aux inconvénients bien plus grands qui résultaient généralement de l'inexactitude des proportions tant extérieures qu'intérieures, continue Ducoudray, il a fallu changer absolument la forme établie jusque-là pour les

1. DUCOUDRAY, *loc. cit.*, p. 58.

réceptions, et resserrer dans les bornes les plus étroites les variations qu'on accordait aux fondeurs.

« On a porté même la perfection dans ce genre jusqu'à les rendre responsables de cette légère variation même après l'effet des coups d'épreuve.

« Pour cela il a fallu établir des instruments de vérification qui fussent d'une extrême sensibilité, et point sujets aux variations, et surtout partir d'une mesure fixe et exacte. Aussi a-t-on établi dans toutes les fonderies, ainsi que dans tous les arsenaux, relativement aux autres constructions, une mesure en cuivre étalonnée avec le plus grand soin, et qui est devenue, dans tous les genres, le principe de l'uniformité et de la précision également ignorées jusqu'alors et aujourd'hui si rigoureusement établies.

« Mais on ne s'est pas contenté de s'assurer des moindres défauts d'exactitude dans les proportions intérieures et extérieures, et des vices de la fonte que les coups d'épreuve et l'examen des réceptions peuvent faire découvrir. On a voulu même que les fontes fussent suivies dès leur principe, et *on y a attaché particulièrement des officiers qui pussent se former dans cette partie ;* ce qui n'avait jamais été fait.

« C'est surtout pour mettre ces officiers dans le cas de mieux surveiller les fontes, qu'on a décidé qu'elles seraient toutes tournées extérieurement. Car le tour découvre tous les défauts du métal que la tranche, le marteau et la lime qu'on employait ci-devant sur l'extérieur des pièces ne servent qu'à cacher.

« Cette opération a encore l'avantage de vérifier d'abord si les tourillons ont été coulés l'un bien vis-à-vis de l'autre, et même de les y ramener rigoureusement, s'ils ont été manqués à la fonte.

« Un des changements des plus importants qu'on ait fait dans les fontes, mais qui ne regarde que les mortiers, c'est de les couler à noyau.

« On sait qu'autrefois on les y coulait aussi de même que les canons. On avait quitté cet usage parce que la direction de l'âme étant déterminée par celle du noyau, ne pouvait jamais être droite, le noyau ne pouvant, lors de la coulée, soutenir la chaleur du métal fondu, sans se déjeter considérablement.

« Ce principe d'autant plus vrai que les pièces sont plus

longues, était, comme on voit, de peu d'importance pour les mortiers qui ont l'âme courte. On l'avait cependant adopté pour eux comme pour les canons, sans examiner si le petit avantage qu'il présentait pour les mortiers n'entraînait pas un inconvénient bien plus considérable dans la coulée des canons.

« Cet inconvénient plus considérable ayant été démontré dans les épreuves qu'on avait faites sur les gros mortiers, on a changé de méthode.

« En effet, l'examen attentif qu'on fit toujours dans ces épreuves de l'état des différents mortiers après avoir tiré, a fait voir constamment que l'étain qui entrait dans l'alliage se rassemblait au centre du mortier, et surtout dans la chambre, où, ne tardant pas à se fondre, il occasionnait, après peu de coups de sifflet, des crevasses considérables.

« On a pensé avec raison que l'étain restant nécessairement plus longtemps en fusion que le cuivre, devait être pressé par ce métal et ramené du pourtour de la pièce, par où le refroidissement commence, au centre où il finit.

« Et comme ce phénomène devait d'autant plus avoir lieu que la masse de fonte était plus considérable, on en conclut que les canons devaient moins souffrir à cet égard que les mortiers et que ceux-ci seraient moins sujets aux accidents causés par la réunion de l'étain en les coulant à noyau comme on faisait autrefois ; et c'est en effet ce que l'expérience a démontré.

« Les mêmes expériences ont encore conduit à établir entre la fonte des canons et celle des mortiers, une autre différence.

« On donnait indistinctement à ces deux espèces d'armes, des masses de lumière, c'est-à-dire des masses de cuivre forgées qu'on introduisait dans le moule à l'emplacement de la lumière, et qui, se trouvant ensuite fixées après la coulée dans le corps de la pièce, donnaient la facilité de pratiquer la lumière dans une matière plus résistante à ce genre d'effort que la fonte ordinaire.

« Mais on avait observé, par l'usage, que ces masses de lumière se courbaient, et souvent même se fondaient en tout ou partie, de façon que, dans la plupart des pièces, la lumière n'était percée dans la masse de cuivre forgée que sur une épaisseur assez petite ; le reste de cette lumière se trouvant traverser le métal ordinaire qui s'égrène fort vite à cet endroit et qui ne peut être que d'une faible résistance.

« On avait donc proposé de remplacer ces masses de lumière par des grains de même matière mis à froid; cette proposition, faite depuis longtemps, ayant été vérifiée par les épreuves faites sur les canons, avait été adoptée pour eux.

« Il était à présumer que par les mêmes raisons elle conviendrait aux mortiers. C'est cependant ce qui s'est trouvé démenti par l'expérience toujours consultée dans les épreuves de Strasbourg, lors même que ce raisonnement semblait présenter les inductions les plus certaines.

« D'après cette expérience on a donc décidé que les mortiers auraient des masses de lumière; et les canons, des grains vissés à froid (1). »

b) PROJECTILES

Poudres. — La composition de la poudre ne fut pas changée. La mise de feu se fit désormais au moyen de l'étoupille et de la lance à feu.

Gargousses. — Gribeauval renonça à l'usage de transporter la poudre et les projectiles sur le champ de bataille au moyen de voitures séparées : la « cartouche à boulet » fut définitivement adoptée.

La gargousse, après de nombreux essais pour le choix de son enveloppe, était en serge croisée; elle contenait 5 livres de poudre pour le canon de 16, 4 livres pour le canon de 12, 2 livres et demie pour le canon de 8, 1 livre et demie pour le canon de 4 ordinaire, 1 livre un quart pour le canon de 4 infanterie. Avec ces charges et une inclinaison de 6 degrés, la pièce de 12 portait à 911 toises, celle de 8 à 633, celle de 4 à 773 (2).

Projectiles. — Le boulet adopté fut le même que l'ancien, mais son diamètre fut augmenté de manière à réduire le vent

1. DUCOUDRAY, *loc. cit.*, p. 62 sqq.
2. DURTUBIE, *Manuel de l'artilleur*, p. 386.

de moitié. Cette réduction du vent du boulet donna trois résultats :

1° Une plus grande justesse dans le tir : le boulet, étant moins exposé à s'écarter de la direction, frappait les bords de la pièce à sa sortie sous des angles moins ouverts ;

2° Une usure moins rapide des pièces, le boulet ayant moins de jeu pour battre l'âme du canon ;

3° Une augmentation de portée, grâce à une utilisation plus complète des gaz de la poudre.

Une cartouche à boulet du calibre de 16 pesait 23 livres un quart ; du calibre de 12, 18 livres ; du calibre de 8, 12 livres ; du calibre de 4 ordinaire, 6 livres et demie ; du calibre de 4 infanterie, 5 livres trois quarts.

Pour l'obusier de 6po on employa un obus pesant environ 24 livres.

Comme projectile à mitraille, Gribeauval adopta, pour tous les canons de campagne, la boîte à balles : ces boîtes cylindriques, en tôle, munies d'un culot en fer, étaient remplies de balles en fer battu. Chaque pièce eut deux modèles de boîte. Les canons de 12 et de 8 eurent un modèle contenant 41 balles et un modèle contenant 112 balles plus petites. Le canon de 4 eut une boîte de 41 balles et une de 61 balles plus petites. Les boîtes à balles destinées aux obusiers contenaient 61 balles.

Les grosses balles avaient 1 pouce 5 lignes de diamètre, les petites 1 pouce. Les boîtes des grosses balles étaient destinées aux grandes distances.

Les cartouches à balles sans leur gargousse pesaient : celles de 12, 20 livres ; celles de 8, 14 livres ; celles de 4, 7 livres. Les gargousses pesaient respectivement 4, 2 et 1 livre.

Les cartouches à balles étaient employées de préférence aux boulets, les grosses, pour les pièces de 12, à 400 toises ; pour les pièces de 8, à 350 ; pour celles de 4, à 300 ; les petites, pour les pièces de 12, à 350 toises ; pour les pièces de 8, à 300 ; pour celles de 4, à 250.

Réception des projectiles. — Des mesures sévères furent prises pour assurer l'exactitude des dimensions des projectiles.

« L'exactitude qu'on a mise dans la réception des canons et des mortiers, dit Ducoudray, se retrouve avec la même rigueur dans celle des boulets et des bombes.

« On ne s'était mis jusqu'alors en garde, ainsi que nous venons de le dire en parlant des fontes, que contre les boulets et les bombes qui ne pouvaient entrer dans les pièces. Les inconvénients extrêmes qui résultent de l'excès du vent, tant pour la conservation des pièces que pour la justesse des coups, étant apparemment mal sentis, on n'avait point cherché à y parer. Il n'y avait rien de déterminé à cet égard. Le trop gros était rebuté par la lunette de réception ; le trop petit dépendait du caprice de celui qui recevait. Eût-il envie même d'être sévère, il n'avait pas de terme pour fixer sa sévérité. Aussi recevait-on tout. L'intérêt seul des fournisseurs, qui les engage à fournir les calibres forts de préférence à les fournir faibles, était le principe qui arrêtait le trop petit à de certaines bornes.

« Il est aujourd'hui fixé dans tous les calibres pour les bombes et boulets par des lunettes particulières ; et l'entrepreneur n'a plus que neuf points, ou trois quarts de ligne au-dessous du diamètre fixé à partir de la mesure uniforme des arsenaux dont nous venons de parler [1].

« Mais, comme on ne peut mesurer à la fois qu'un grand cercle de boulet avec la lunette, il aurait pu se faire que malgré l'attention de présenter le boulet à cette lunette sur plusieurs sens, on eût manqué un diamètre plus grand que les autres, ou une excroissance qui aurait arrêté le boulet en roulant dans la pièce, on a décidé que les boulets, après avoir passé par la lunette, passeraient ensuite dans un cylindre qui aurait une ligne de diamètre de moins que la pièce, et que tous ceux qui s'y arrêtaient seraient rebutés.

« Le trop petit est décidé par une lunette qui a neuf points d'ouverture de moins que la grande ; et il suffit qu'un boulet puisse y passer en tel sens que ce soit pour être rebuté.

---

1. « On avait proposé de fixer cette variation à six points. Les entrepreneurs, peu accoutumés à la précision, en ont demandé neuf, et on les leur a accordés. Mais on a vu, depuis, par l'usage, qu'on pourra, dès qu'on le voudra, les restreindre aisément à six points. » (Note de Ducoudray.)

« Mais comme, par l'usage, les dimensions de ces lunettes et de ces cylindres, qui sont la base de cette opération, sont dans le cas de s'altérer, on a grand soin de les vérifier de temps en temps, et d'en refaire d'autres lorsque la diminution passe deux points (1). »

Approvisionnements. — *Pièces de 12*. — Trois caissons portant chacun 48 cartouches à boulets, 12 cartouches à grosses balles, 8 cartouches à petites balles. Le coffret d'avant-train d'affût portait 9 cartouches à boulets. Ce qui donnait un total de *213* coups pour l'approvisionnement de la pièce.

Pièces de 8. — Deux caissons, portant chacun 62 cartouches à boulets, 10 cartouches à grosses balles, 20 cartouches à petites balles. Le coffret attaché à chaque pièce contenait 9 coups, ce qui constituait un approvisionnement de *193* coups par pièce.

Pièces de 4. — Un caisson portant 100 cartouches à boulets, 26 cartouches à grosses balles, 24 cartouches à petites balles. Le coffret de l'affût contenait 18 cartouches à boulets, ce qui donnait à la pièce *168* coups à tirer.

Obusiers. — Trois caissons portant chacun 49 obus et 3 cartouches à balle, ce qui donnait, avec les 4 cartouches à balle du coffret de l'affût, *160* coups par pièce.

Mortier de 10po. — 500 coups par pièce.

Pour les places, les approvisionnements de toutes les pièces étaient fixés à 1 000 coups par pièce.

c) AFFUTS ET ACCESSOIRES

Affûts. — Gribeauval s'occupa de donner aux affûts une plus grande mobilité : il fit augmenter la hauteur des roues d'avant-trains et fabriquer les essieux en fer, les boîtes d'essieu en fonte. Cet affût, raccourci et allégé, et portant une pièce plus légère, devait avoir un recul plus violent. Pour diminuer ce recul,

1. DUCOUDRAY, *loc. cit.*, p. 66.

les flasques furent construits de manière à donner un angle d'incidence sur le sol assez prononcé. Les ferrures destinées à renforcer l'affût et à prolonger sa durée augmentèrent d'ailleurs son poids.

Il y avait deux encastrements pour les tourillons, l'un pour la position de tir, l'autre, destiné à la position de route et situé quatre calibres en arrière du premier, afin de mieux répartir le poids entre les deux trains. Un coffret à munitions était placé près de l'entretoise de crosse.

L'avant-train et l'affût de la pièce de 12 pesaient 1 954 livres. La pièce complète, 3 754 livres au lieu de 4 966 précédemment. L'avant-train et l'affût de la pièce de 8 pesaient 1 727 livres. La pièce complète pesait 2 927 au lieu de 3 579 précédemment. L'avant-train et l'affût de la pièce de 4 pesaient 1 219 livres, la pièce complète pesait 1 819 livres au lieu de 2 438 précédemment.

La même voie fut adoptée pour toutes les voitures d'artillerie et fixée à 4 pieds 8 pouces 6 lignes, (du milieu d'une jante au milieu de la jante correspondante de l'autre roue).

L'affût de l'obusier de campagne était semblable à celui des canons, sauf l'essieu, qui était en bois, et le système de pointage, qui était différent.

Les affûts de siège ne reçurent que des modifications de détail. Pour la défense des places, Gribeauval fit construire des affûts de son invention qui avaient pour but d'élever la pièce à 5 pieds au-dessus de la plate-forme, de conserver au tir, la nuit, la direction voulue; d'être construits et réparés facilement et d'exiger peu d'hommes pour leur service. Pour la défense des côtes, il construisit des affûts analogues. Les affûts des mortiers étaient en fonte de fer.

Gribeauval adopta l'attelage à timon au lieu de celui à limonière. Il disait, en effet :

« Il est de nécessité absolue de trotter avec le canon et les voitures de munitions ; car il en est d'une file d'artillerie comme des colonnes d'infanterie et de cavalerie : quoique la tête marche doucement, la queue trotte pendant la moitié ou au moins le tiers de la marche. Si, dans un jour de bataille, l'ennemi marque, par son développement, qu'il veut faire effort contre la partie droite, l'artillerie de la réserve du centre doit s'y porter le plus légèrement possible, pour arriver à temps ; si la gauche est libre, elle doit remplacer avec la même vitesse ce qui est sorti du centre. S'agit-il de poursuivre l'ennemi? Il faut se porter fort vite à l'attaque des postes qui soutiennent la retraite; si, au contraire, il faut soutenir une retraite, on ne saurait déblayer trop tôt le chemin des troupes, ni arriver trop vite dans les postes choisis pour favoriser la retraite. Dans toutes ces occasions, *il faut savoir trotter et même galoper;* ce n'est que pour ces instants précieux qu'est faite toute la dépense de l'artillerie; il faut donc, avant tout, se mettre en état d'en profiter; et, comme l'attelage à timon peut seul procurer cet avantage, il paraît qu'on doit s'y fixer en tâchant de diminuer, autant qu'il est possible, les inconvénients qu'il entraîne [1]. »

Bricoles. — Les canons de 12 nécessitaient six chevaux. Ceux de 8 et de 4 en nécessitaient quatre seulement. Pour faire manœuvrer les pièces sur le champ de bataille, Gribeauval imagina de faire mouvoir la pièce avec l'aide de canonniers et de fantassins : il utilisait à la fois un système de bretelles en bricoles et de leviers. Huit hommes suffisaient pour faire mouvoir de cette manière une pièce de 4 et de 8; il fallait onze à quinze hommes pour une pièce de 12.

Prolonge. — Une des innovations les plus importantes de Gribeauval fut la prolonge, qui allait prouver la possibilité d'avoir des charretiers et des chevaux calmes sous le feu et permettre de tirer tout le parti possible de la nouvelle mobilité des pièces. Il expliquait l'économie de son invention de la façon suivante :

« Pour faire de longs trajets en retraite, ou pour couvrir une colonne qui aurait à craindre l'ennemi sur son flanc, ou enfin pour franchir des fossés, rideaux, etc., avec les pièces des trois calibres, on sépare l'avant-train de l'affût, dont la crosse pose à terre; on attache un bout d'une demi-prolonge aux armons de l'avant-train, laquelle passe sur l'avant-train, embrasse d'un tour la cheville ouvrière, repasse sur le couvercle du coffret de muni-

1. FAVÉ, *Histoire de l'Artillerie,* p. 139.

tions, et est attachée de l'autre bout à l'anneau d'embrêlage; on laisse environ 4 toises de longueur au cordage entre l'affût et l'avant-train auquel les chevaux sont attelés; lorsqu'ils marchent, la pièce, tirée par le cordage, suit aisément, au moyen de la coupe de la partie inférieure de la crosse qui est faite en traîneau; les canonniers et servants, portant leurs armements, accompagnent la pièce dans leurs postes respectifs, à droite et à gauche. Lorsque l'on veut tirer, le maître canonnier crie: « Halte! » et dirige la pièce en faisant le commandement: « Chargez »; le coup parti, s'il ne veut pas en tirer un second, il fait le commandement: « Marche. » S'il faut descendre ou monter un rideau, passer un fossé, on allonge, s'il le faut, le cordage, les chevaux passent avec l'avant-train; les canonniers et servants joignent leurs efforts à ceux des chevaux, et la pièce passe [1]. »

Hausse. — Gribeauval marqua la ligne de mire sur ses canons au moyen d'une petite saillie placée sur le bourrelet et d'un cran tracé sur la partie supérieure de la *hausse* adaptée à la culasse. Cette hausse avait pour but de donner au pointeur des lignes de mire artificielles, lorsque le but se trouvait à une distance plus grande que celle du but en blanc. Il ne pensait pas pouvoir ainsi apprécier la distance et pointer immédiatement avec exactitude, mais il voulait donner au pointeur un instrument grossier lui permettant de rectifier son pointage quand ses coups portaient trop loin ou trop court, et d'assurer le tir après un coup tiré convenablement.

Jusqu'à présent, il avait suffi pour pointer de faire passer la ligne de visée par les points les plus élevés de la culasse et du bourrelet; l'introduction de la hausse eut pour effet d'augmenter les portées efficaces des canons et de donner plus d'étendue à l'action de l'artillerie sur le champ de bataille.

Les hausses étaient réglées jusqu'à 480 toises pour les boulets, 400 pour les boîtes à balles.

Étoile mobile. — L'étoile mobile était un instrument inventé par Gribeauval, permettant de vérifier avec une approximation

---

1 Favé, *loc. cit.*, p. 137.

inconnue jusqu'alors l'exactitude des dimensions et des formes des âmes de toutes les bouches à feu et de leurs chambres.

Régularité des constructions et rechanges. — Ducoudray a présenté dans les lignes suivantes toutes les modifications de détail qui constituent une des parties les plus importantes de l'œuvre de Gribeauval :

« Ce qui distingue singulièrement les nouvelles constructions en général de toutes les anciennes, c'est une précision extrême dans les proportions de toutes les parties qui les composent, un assemblage exact et une uniformité rigoureuse qui en est la suite.

« On sait quel a été à cet égard l'état des constructions de l'artillerie jusqu'aux mutations dont nous parlons. On sait que chaque arsenal avait ses proportions particulières que les officiers qui y étaient employés se transmettaient héréditairement.

« La voie même du charroi d'un département d'artillerie était différente de la voie d'un autre département, de sorte que, lorsqu'un équipage construit à Douai venait à se réunir à un équipage construit à Metz, à Strasbourg ou à Auxonne, les voitures des uns et des autres mêlées ensemble roulaient successivement dans des voies différentes.

« Mais cet inconvénient de la voie était peu de chose auprès de l'embarras des rechanges : roues, essieux, timons, avant-trains, arrière-trains, tout était différent ; chaque équipage avait ses rechanges particuliers, qui, n'étant point même asservis entre eux à des dimensions précises, à beaucoup près, allaient mal à la première présentation et avaient toujours besoin d'être retouchés.

« Il fallait mettre des repères aux pièces destinées à former un même assemblage et, pour trouver les repères, il fallait souvent manier toutes les pièces des autres assemblages, souvent même ils ne se trouvaient pas.

« On sent facilement quelles conséquences une pareille constitution devait entraîner pour toutes les réparations, les radoubs à faire au parc, et surtout dans les marches et bien plus encore dans les retraites, où les rechanges deviennent très pressés, et, faute de pouvoir s'exécuter avec célérité, obligent d'abandonner des effets à l'ennemi.

« Cet horrible abus, qu'on ne pouvait regarder que comme une suite de l'ancienne barbarie de nos pères, a été entièrement corrigé. Non seulement on a établi une même voie pour tout le charroi de l'artillerie, non seulement il a été décidé que toutes les constructions seraient uniformes dans tous les arsenaux, mais on a porté la précision de l'uniformité au point qu'une jante, un moyeu, une entretoise, un boulon, une sous-bande, une partie quelconque d'un affût, d'un caisson, d'un chariot, d'un avant-train construit à Auxonne, par exemple, s'assemble à la première présentation avec les parties correspondantes de l'attirail de même espèce construit à Strasbourg, à Douai, à Metz, et cela avec plus de facilité qu'on n'assemblait autrefois une roue et un essieu construits dans un même arsenal et pour les voitures de même espèce, mais dans des temps ou par des ouvriers différents.

« Pour cela, il a fallu porter l'exactitude de l'exécution jusqu'au scrupule ; c'est aussi ce qu'on a fait. On a adressé à chaque arsenal de construction une table exacte de toutes les dimensions déterminées jusqu'à moins d'un quart de ligne, à partir de la mesure uniforme dont nous avons parlé, et qui doit servir de terme fixe à toutes les mesures pour le présent et pour l'avenir.

« Des patrons, dressés en conséquence, ont assuré la régularité des principales formes dans le charronnage ; des mandrins, celle des concavités, et des lunettes, celle des convexités. Les différents espacements ont été de même déterminés par des règles de fer pour les pièces les plus intéressantes de chaque attirail. Il en a coûté d'abord aux ouvriers de l'artillerie de s'asservir à cette précision ignorée même pour les ouvrages de ce genre qu'on travaille à grands frais pour les particuliers.

« Mais, par l'attention des directeurs des arsenaux et leur inflexibilité à refuser les ouvrages qui ne sont pas exactement conformes aux dimensions prescrites, par la forme qu'on a fixée pour la réception des ouvrages et pour leur revision, et surtout par les secours qu'on a donnés aux ouvriers pour juger eux-mêmes leur ouvrage et par là éviter des rebuts, et même pour les faire arriver à l'exactitude qu'on leur demandait, on s'est élevé en très peu de temps à une précision, dans tous les genres de construction, à laquelle il semblait qu'il n'était pas possible de prétendre pour des travaux de cette espèce.

« Cette précision, portée à un degré incroyable pour quiconque n'a pas vu les nouveaux attirails, a produit dans tous les assemblages une vigueur non seulement égale, mais même supérieure à celle que les anciens attirails recevaient de cette épaisseur qui les appesantissait dans toutes leurs parties.

« De cette précision il est encore résulté une propreté à peine connue dans les ouvrages que des ouvriers chèrement payés exécutent pour les particuliers. Cette propreté, qu'on pourrait regarder comme superflue dans les attirails d'artillerie, n'est pas l'objet qu'on s'est proposé ; mais elle est la conséquence et la preuve de la précision inutilement désirée jusque-là et si rigoureusement obtenue.

« Il est assez naturel de croire que ces nouvelles constructions, exécutées avec une exactitude si recherchée, exigent beaucoup plus de temps, et sont par conséquent beaucoup plus chères que les anciennes, dont elles diffèrent à tant d'égards ; c'est cependant ce qui n'est pas, si l'on en excepte les seuls caissons.

« Cette vérité paraît incroyable ; mais on se la persuadera plus facilement lorsqu'on saura que les forgerons ont pour chaque pièce des matrices et des mandrins, au moyen desquels ils lui donnent, sans tâtonner, la courbure et les dimensions prescrites, et qu'ils ont la même facilité pour y percer tous les trous qu'elle doit avoir et pour le faire avec la plus grande exactitude, soit pour leur emplacement, soit pour la grandeur de leur ouverture.

« Les ouvriers en bois ont de même des patrons et des calibres pour vérifier toutes leurs pièces.

« L'objet principal qu'on s'est proposé dans cette rigoureuse exactitude des constructions nouvelles, c'est la facilité des rechanges, qui n'existait, dans l'ancienne artillerie, que de la manière la plus imparfaite, ainsi qu'on l'a vu.

« C'est même pour étendre encore cette importante facilité qu'on s'est attaché à réunir, sous les mêmes proportions, le plus de constructions différentes que l'on a pu : c'est dans cet esprit qu'on a déterminé :

« 1° Que toutes les roues d'avant-train auraient la même hauteur, les mêmes boîtes et la même longueur de moyeux, et que celles des affûts et des caissons de 4 ne différeraient des autres roues d'avant-train que par plus de légèreté ;

« 2° Que les grandes roues de chariot et de caisson auraient toutes aussi la même hauteur entre elles et des boîtes pareilles, qui sont les mêmes que celles de l'affût de 4 ;

« 3° Qu'il en serait pour les grandes roues des caissons de 4, comme il en était des petites de ce même caisson, relativement aux roues de même espèce des autres caissons, dont elles ne différaient que par plus de légèreté.

« Il n'était pas possible de mettre les roues des affûts des différents calibres à la même hauteur entre elles, et encore moins à la hauteur des grandes roues de chariot, sans donner aux affûts plus de longueur que leur service n'exigeait, et conséquemment sans les rendre plus lourds à la manœuvre, ce qui eût été sacrifier l'avantage principal ; il a donc fallu restreindre la facilité des rechanges à cet égard et se réduire à donner aux affûts de 12 et de 8 seulement des roues de même hauteur, qui peuvent, par conséquent, servir au besoin l'une pour l'autre, et à l'affût de 4 des roues assez approchantes des grandes roues de chariot pour pouvoir marcher avec elles, quoique en boitant un peu.

« C'est par le même principe de la facilité des rechanges qu'on a encore voulu que tous les essieux des arrière-trains de tous les caissons, chariots et autres voitures, que les affûts de 12 et de 8, ainsi que ceux de tous les avant-trains sans exception, eussent les mêmes dimensions, de sorte que tous les essieux peuvent se rechanger les uns pour les autres, excepté ceux des affûts de 12 et de 8, qui diffèrent entre eux de 3 lignes (1). »

Ces constatations de Ducoudray font comprendre à elles seules toute l'importance de l'œuvre de Gribeauval.

---

1. Ducoudray, *loc. cit.*, p. 67 sqq.

d) ORGANISATION DU MATÉRIEL

L'ordonnance du 13 août 1765, de même que celle de 1772, consacrait la division de l'artillerie en deux groupes distincts : le premier, comprenant les canons d'infanterie (deux pièces par bataillon), servis par les sapeurs du Corps-Royal, était mis à la disposition exclusive des chefs de brigade d'infanterie. L'autre groupe, divisé en deux ou trois réserves placées à la droite, à la gauche et au centre de l'infanterie, était sous les ordres du général de l'armée. Les obusiers étaient en principe affectés à la réserve du centre.

Gribeauval évaluait la proportion d'artillerie nécessaire dans une armée à quatre pièces par 1 000 hommes. En supposant les bataillons à 1 000 hommes, en plus des deux pièces de canon qui se trouvaient dans chaque bataillon d'infanterie, il fallait donc constituer l'équipage d'artillerie proprement dit à raison de deux autres pièces par bataillon, dont *un quart* en canons de 12, *un huitième* en canons de 8, *un quart* en canons de 4, et 6 obusiers par 100 canons.

En conséquence, une armée de 80 bataillons (80 000 hommes environ) devait avoir :

	BOUCHES A FEU
Canons de 12	40
— de 8	80
— de 4	200[1]
Obusiers de 6po	20
TOTAL	340

Le matériel était partagé en divisions de huit canons ou de quatre obusiers.

La division de huit pièces comprenait, pour les pièces de 4 par exemple :

	VOITURES
Chariot d'outils	1
Pièces de 4 montées sur leurs affûts avec coffret et armement	8
Caissons chargés de 150 cartouches chacun	8
Caissons chargés de 12 000 cartouches d'infanterie chacun	4
Affût de rechange	1
TOTAL	22

1. Dont 160 aux bataillons.

DISCUSSIONS SUR LE SYSTÈME GRIBEAUVAL

On avait ordonné des épreuves sur les changements proposés par Gribeauval : elles commencèrent en 1764 à Strasbourg et durèrent quatre mois. Tous les officiers de toutes armes de la région furent invités à les suivre et à donner leur avis. On ne devait signer dans les procès-verbaux que ce dont on était bien d'accord. En 1765, le nouveau matériel fut adopté sous le ministère Choiseul.

Après une longue et vigoureuse polémique dirigée contre les idées nouvelles, par le fils et successeur de Vallière, le nouveau matériel fut rejeté en 1772 sous le ministère de Monteynard. Un comité, composé des maréchaux de France de Broglie, Contades, Soubise et Richelieu, décida en 1774 le rétablissement du nouveau système. Après la mort de Vallière (6 janvier 1776), la nomination de Gribeauval comme premier inspecteur général de l'artillerie en assura l'adoption définitive.

Toutes les innovations de Gribeauval ont été attaquées, et bien des objections faites au nouveau matériel n'étaient pas sans fondement. Nous allons examiner rapidement les principales critiques qui furent formulées à cette époque, en suivant le même ordre que nous avons établi pour étudier les améliorations (1).

Pièces. — On reprochait aux nouvelles pièces d'avoir : 1° moins de portée; 2° moins de justesse de tir; 3° moins de justesse de pointage; 4° moins de vitesse initiale; 5° moins de ricochets; 6° plus de recul; 7° moins de durée et de solidité.

Les objections faites sur les cinq premiers points manquaient de précision; elles provenaient surtout du peu de connaissance que l'on avait encore sur la balistique, et la discussion sur ces points s'égarait souvent dans le vague : il semble que des expériences plus nombreuses eussent pu accorder tout le monde.

1. L'étude et la discussion de toutes les brochures qui ont servi à cette polémique auraient entraîné des développements qui, malgré tout leur intérêt, ne rentrent pas dans le cadre de cet exposé succinct. On a cru bon cependant, de faire ressortir tout le mal qu'a eu Gribeauval à imposer son système et la justice de certaines des critiques qui lui furent faites. Voir à ce sujet général Favé, *loc. cit.*, p. 130 sqq.

L'objection faite sur le recul avait plus d'importance, parce qu'elle était plus sérieuse.

« Les adversaires avaient constaté que le recul d'une pièce ancienne de 12 avait été de 4 pieds et demi, tandis que celui d'une pièce nouvelle de 12, sur le même emplacement, avec la même charge et la même élévation, avait été de 15 pieds 8 pouces; ils en concluaient qu'il y aurait une perte de temps considérable pour ramener, après chaque coup, la pièce sur son emplacement; que, par suite, les nouvelles pièces ne pouvaient pas être mises en batterie sur des terrains étroits sans culbuter leurs affûts, si on les laissait reculer, sans les dégrader, si on entravait le recul (1). »

Sur ce sujet, Gribeauval s'exprimait ainsi : « Nous allons répondre, une fois pour toutes, à l'objection du plus grand recul dont on voudrait faire un monstre. Le plus grand recul ne pourrait être un désavantage qu'autant qu'il nuirait à servir la pièce. Les officiers nommés pour les épreuves ne l'ont pas trouvé excessif. Il en est de même dans les écoles, où l'on a tiré pendant cinq ans ces pièces à boulets, avec infiniment plus de vivacité qu'on ne peut servir les anciennes; la seule attention que le recul exige, c'est que les canonniers reculent de deux pas pendant le tir de la pièce, au lieu de n'en reculer qu'un.

« Les pièces courtes de l'artillerie autrichienne et de l'artillerie prussienne, qui reculent davantage à raison de leur moindre poids, n'en sont pas servies avec moins de vivacité que les nôtres (2). »

Les partisans du nouveau système ajoutaient que ce recul n'était considérable que sur les terrains unis d'un polygone et non sur ceux d'un champ de bataille; qu'il était trop grand aussi sur les plates-formes, mais que les canons de bataille n'y devaient plus être placés.

Il est certain que tout ce qui concourait à augmenter la mobilité devait accroître le recul, mais l'avantage ne devait-il pas être supérieur à l'inconvénient ?

Les expériences faites sur la durée des nouvelles pièces

1. Favé, *loc. cit.*, p. 131.

2. *Ibid.*

n'avaient pas été probantes. Celles de 8 et de 4 avaient tiré plus de 1 000 coups sans se détériorer, mais celles de 12 n'en avaient tiré que 780 et 442. Gribeauval répondait : « Vallière cite ici les deux pièces de 12, sans rappeler que, dans la première, qui a tiré 780 coups, il est sorti une vis de la volée, et que, de la seconde, qui n'en a tiré que 442, il en est sorti cinq, chacune de 4 à 5 lignes de longueur, qui en cachaient les défauts; qu'ayant cassé l'anse de cette pièce, on a reconnu que le métal avait été en partie brûlé dans la fonte; qu'ainsi, on ne peut argumenter d'après une fonte manquée contre la durée de ce canon (1). »

D'ailleurs, les espérances des partisans de Gribeauval eux-mêmes allaient être dépassées pendant les guerres suivantes.

A ses adversaires, qui insistaient vivement sur l'inconvénient des bouches à feu courtes pour la défense des retranchements, à cause de la prompte détérioration des embrasures, Gribeauval répondait laconiquement : « L'artillerie de campagne ne va point « en embrasure. »

« Ses partisans cherchaient à masquer cet inconvénient en prétendant que, dans le service de campagne, ce canon ne tirait qu'à barbette, mais il est certain que cette prompte dégradation des embrasures et le recul des nouvelles pièces, trop grand sur des plates-formes, établissaient l'infériorité du nouveau matériel sur l'ancien, dans l'emploi spécial à la défense de la fortification de campagne. Les partisans de Gribeauval avaient tort de nier cette infériorité; ils auraient dû l'avouer et dire que ce désavantage, dans un cas particulier où l'artillerie est immobile, ne pouvait se comparer aux avantages de la mobilité (2). »

Les obusiers n'auraient dû, semble-t-il, soulever aucune objection : on s'en prit à leur calibre que l'on trouvait trop faible pour le but qu'ils devaient atteindre : l'attaque des lieux habités.

Les partisans de Gribeauval répondaient : « Il est donc bien démontré que l'obusier ne doit servir en campagne que pour inquiéter l'ennemi derrière les retranchements et hauteurs où le canon ne peut parvenir, et pour brûler les maisons dont il se

---

1. Favé, *loc. cit.*, p. 132.
2. *Ibid.*, p. 134.

couvre ; objets dont on pourrait aussi venir à bout avec le canon, à l'aide du ricochet et du tir à boulet rouge, si l'exécution n'en demandait trop de temps et trop d'apprêts ; voilà ce qui fait préférer l'obusier, et l'obusier du calibre le plus portatif, parce que ces objets n'exigent pas précisément les éclats ni la grosseur des bombes, qui crèvent d'ailleurs rarement sur le point où on les dirige, ce qui est très différent dans un siège. C'est donc avec raison que l'on a confiné l'obusier de 8po dans les équipages de siège, et que l'on ne fait usage que de ceux de 6po pour les affaires de campagne, où on ne les fera point servir à d'autre usage que celui que nous venons de rapporter, à moins que ce ne soit manque de canons, ceux-ci devant toujours être préférés parce que leur tir est plus étendu, plus juste, plus vif et moins dispendieux que celui de l'obusier (1). »

Fabrication. — Les discussions sur l'emplacement des tourillons et l'addition des embases étaient entachées d'erreurs par suite de l'insuffisance des connaissances théoriques sur la matière. L'expérience se prononça plus tard en faveur du nouveau système.

« Maritz, fondeur genevois, avait apporté en France, dès 1740, le nouveau mode de fabrication des canons, qui consistait à les couler pleins et à les forer entièrement après le refroidissement, à l'aide de machines perfectionnées. Gribeauval avait seulement adopté et généralisé ce mode de fabrication, qui était vivement attaqué comme devant donner pour les parois de l'âme moins de résistance et de solidité que le procédé antérieur. Les adversaires admettaient que le coulage à noyau, usité depuis plusieurs siècles, donnait à la partie du bronze voisine de ce noyau une sorte de trempe qui servait à assurer la dureté et la durée de l'âme. Ils oubliaient tous les inconvénients du noyau, et prétendaient que les expériences déjà faites sur les nouvelles pièces appuyaient leur opinion. On se rappelle que Gribeauval avait dû revenir au coulage à noyau pour les mortiers ; mais, comme on alésait les âmes de ces bouches à feu pour leur donner un diamètre exact, les adver-

1. FAVÉ, *loc. cit.*, p. 141.

saires reprochaient encore à ce mode d'enlever aux parois de l'âme une couche du métal le plus résistant, et de diminuer ainsi la résistance et la durée des mortiers.

« Le tournage extérieur de la pièce obligeait à supprimer les ornements gracieux des canons de Vallière, et la nouvelle forme des anses, qui remplaçaient les dauphins, donnait lieu à des critiques de même nature; mais la nouvelle position des tourillons, dont l'axe était rapproché de l'axe du canon, exigeait dans la forme extérieure une précision plus grande que pour les pièces en usage auparavant; le tournage était devenu une nécessité, et les nouvelles anses avaient reçu une forme adaptée à leur emploi [1]. »

Gargousses. — Les principaux reproches faits à leur emploi étaient d'accélérer trop le tir et de se déformer, ce qui les rendait inutilisables. Les avantages l'emportaient ici de beaucoup sur ces critiques légères.

Projectiles. — On reprochait aux cartouches à boulet de faciliter le gaspillage des munitions.

On n'avait fait sur les cartouches à balles que des expériences insuffisantes. Ces projectiles avaient de plus l'inconvénient sérieux de coûter un prix assez élevé.

Aux avantages de la diminution du vent pour les boulets des canons de bataille, on opposait l'inconvénient réel de ne plus pouvoir employer ces canons au tir des boulets rouges. Cependant, l'introduction des obusiers redonnait à l'artillerie de campagne la propriété incendiaire, sans qu'il fût besoin de recourir à tous les préparatifs et à tous les embarras nécessaires pour chauffer et pour charger dans la pièce les boulets rouges.

Affûts. — Les affûts des nouvelles pièces de bataille furent critiqués comme ces bouches à feu mêmes. On leur reprocha leur poids plus grand pour les nouveaux affûts de 8 et de 12 que pour les affûts des anciennes pièces de même calibre. L'accroissement du nombre des ferrures, boulons, écrous, sous-bandes, ouvrages

1. Favé, *loc. cit.* p. 152.

de serrurerie, occasionnaient un surcroît de dépense considérable, inutile et même nuisible à un certain point de vue, puisque les réparations ne pourraient plus être exécutées, comme elles l'avaient été jusque-là, au moyen des ouvriers en fer pris dans les petites localités voisines du camp.

Bien qu'il y eût quelque chose de fondé dans cette dernière objection, la défense des nouveaux affûts était facile, car l'excédent du poids provenait surtout des coffrets, dont personne ne pouvait nier l'utilité, et des essieux en fer qui diminuaient le tirage. Les ferrures, devenues plus nombreuses, augmentaient la solidité de l'affût; l'uniformité qui régnait dans leurs dimensions, d'un affût à l'autre, permettait l'introduction des pièces de rechange et donnait une grande facilité aux réparations.

Les essieux en fer furent supprimés par Vallière en 1772 pour les raisons suivantes : « Particulièrement pour les affûts, parce qu'ils coûtent beaucoup plus que ceux de bois, surtout avec les boîtes de cuivre, sans lesquelles cependant ils détruisent promptement les moyeux; parce qu'ils exigent des rechanges nombreuses, tant à cause de leur construction propre qu'à cause de l'extrême difficulté de les réparer dans les camps; au lieu que ceux de bois peuvent être remplacés par un arbre trouvé sur la route, ou par l'essieu de la première voiture, soit en blanc, soit tout fait, dans un moment pressé; parce qu'avec eux il est presque impossible d'employer le faux essieu, et qu'avec ceux de bois on a toujours cette importante ressource; enfin, parce qu'ils incommodent considérablement par l'augmentation du recul quand il faut tirer le canon. On ajoutait encore à toutes ces objections que le frottement des fusées d'essieu serait diminué, et que cela faciliterait, il est vrai, le tirage en terrain horizontal, mais que, dans les descentes, les pièces courraient le risque d'être emportées par leur propre poids, ou bien que l'enrayage proposé pour y remédier userait et disloquerait les roues (1). »

On reprochait aux timons de casser trop souvent et de rendre la marche plus pénible aux chevaux dans les chemins. De plus, il fallait des conducteurs plus exercés pour conduire les chevaux au

1. FAVÉ, *loc. cit.*, p. 138.

timon, ce qui était un sérieux inconvénient, par suite du procédé de recrutement des charretiers.

Bricoles. — Les objections faites au nouveau système employé pour manœuvrer les pièces à bras sur le champ de bataille furent justifiées par l'expérience ; ce système fut d'ailleurs peu employé.

Prolonges. — La prolonge fut accueillie avec un certain scepticisme, bien qu'aucune objection sérieuse ne fût faite contre elle. C'est grâce à elle cependant que l'artillerie allait pouvoir tirer un si grand parti de sa mobilité nouvelle.

Caissons. — On reprochait aux caissons d'introduire dans les parcs une plus grande variété de voitures diversement compartimentées et chargées, mais leur disposition, favorable à une meilleure conservation des cartouches et à une plus grande rapidité de tir, compensait largement ces légers inconvénients.

Hausse. — Voici, d'après le général Favé, la discussion qui eut lieu sur l'emploi de la hausse :

« Voyons d'abord comment la comprenait Dupuget, le plus redoutable peut-être des nombreux contradicteurs de Gribeauval. Il s'exprimait ainsi qu'il suit :

« De notre temps, après avoir banni le gros et ridicule guidon placé au plus grand renflement du bourrelet, on ne se rappelait pas seulement l'idée de hausse du canonnier (du moins en France), et l'on se contentait, hors des limites du but en blanc primitif, d'observer les coups ; et quand on avait trouvé l'angle de projection convenable, on l'assurait par quelque marque au coin de mire, que l'on fixait...

« Supposé que la nouvelle hausse mobile soit assez solide pour résister aux accidents ordinaires et aux secousses inévitables que le soldat, même attentif, lui donnera dans la vivacité d'une action, assez bien faite pour que le canonnier puisse la lever et la baisser aisément, quand il faudra changer le degré d'élévation, assez stable en même temps pour garder les positions jugées convenables, il faudra, par de bonnes expériences, constater les portées horizontales correspondantes à ces divisions, en dresser des tables, faire apprendre ces tables aux officiers et aux canonniers, accoutumer ensuite les uns et les autres à juger par le simple coup d'œil à quelle distance peut être l'ennemi, afin de prendre la division convenable.

« Les divisions de la hausse mobile correspondant aux amplitudes horizontales ne conviendront pas aux amplitudes de même longueur, mais inclinées au-dessus du sol de la batterie, ou au-dessous, dans quelques circonstances. Ce sera donc une nécessité d'avoir des tables pour les amplitudes obliques, relativement aux divisions de la hausse mobile; de les faire apprendre comme les premières et de nous former à estimer non seulement les distances, mais encore leur inclinaison sur le sol de la batterie. Il faudra de ces tables pour le tir à boulet; il en faudra d'autres pour le tir des boîtes à balles.

« Vallière avait supprimé les guidons pour éviter les erreurs de pointage résultant de l'inégalité de hauteur des points d'appui des roues, et Dupuget pensait qu'on ne devait pas tirer le canon en bataille au delà de la distance du but en blanc qui, pour les canons de Vallière, était d'environ 200 toises; aussi concluait-il ainsi sa dissertation :

« 1° La hausse est un mauvais instrument; 2° elle ne peut servir presque jamais qu'à tirer lorsqu'on ne devrait pas tirer; 3° son opération est toujours tâtonneuse et souvent impossible; 4° elle ne servira, presque jamais, qu'à jeter dans l'erreur.

« Lorsqu'en 1772 Vallière fils avait fait exclure le système Gribeauval, il avait supprimé la hausse, qu'il avait cru remplacer avantageusement par des crans pratiqués au coin de mire; ces crans ne pouvaient pas produire l'effet de la hausse, surtout en campagne, alors que le point d'appui des roues et de la crosse change après chaque coup. En employant la même hausse pour tirer plusieurs coups, on maintient la même relation entre la ligne de mire, dirigée sur le but, et l'axe de la pièce lié à la trajectoire, tandis que le point de mire placé au même cran maintenait seulement la même relation, c'est-à-dire le même angle, entre les crosses de l'affût et l'axe de la pièce.

« Dans cette discussion, Gribeauval et ses partisans avaient tout l'avantage, car ils présentaient la hausse comme un moyen de rectifier le pointage, quand les coups ne portaient pas à la distance voulue, et de le maintenir quand on avait déterminé la hausse par l'observation des premiers coups. Ils démontrèrent, dans cette polémique, que la différence de hauteur des points d'appui des roues ne pouvait pas produire des erreurs de pointage assez grandes pour annihiler les avantages de la hausse, et que l'inclinaison de la ligne de mire sur l'horizon avait peu d'influence sur la longueur à donner à la hausse.

« Quand on songe qu'au moment où Gribeauval est venu apporter ce moyen de pointage, l'ancienne équerre du canonnier était abandonnée, qu'il n'existait plus aucun moyen d'assurer le pointage aux distances plus grandes que le but en blanc, et que le canonnier en était réduit à la plus vague appréciation pour diriger la pièce, on s'étonne que la routine ait pu être assez aveugle pour donner naissance aux appréciations les plus erronées qui furent longuement développées et qui furent soutenues avec une sorte d'acharnement.

« Pour faire apprécier l'influence que la hausse a exercée sur les portées des canons, dans leur emploi à la guerre, il suffit de rappeler ce que l'auteur de l'*Essai sur l'usage de l'artillerie dans la guerre de campagne et dans celle de siège,* Dupuget, qui fut, comme on vient de le voir, un des adversaires de la hausse, disait des portées auxquelles on devait restreindre l'emploi des canons de Vallière dans les batailles :

« A 400 toises, les coups de canon sont peu assurés; à 200, ils commencent à devenir certains; ils ne sont bien meurtriers qu'à 100. Ainsi, lorsque les ennemis sont à la première distance, il faut tirer lentement pour inquiéter leurs manœuvres, en se donnant le temps de pointer; à la seconde, vivement pour ralentir leur marche; à la troisième, précipitamment pour les rompre [1]. »

Cette discussion étendue et très brillante, à laquelle prirent part de nombreux officiers, permit de traiter toutes les questions relatives au matériel d'artillerie. Dans chacun des deux partis il y eut

1. Favé, *loc. cit.*, p. 146 sqq.

des erreurs commises : l'expérience des guerres qui suivit montra toute la valeur de l'œuvre de Gribeauval. La France allait pouvoir, grâce à lui, entreprendre la lutte contre l'Europe coalisée avec un matériel d'artillerie léger, solide et uniforme, et dont les qualités l'emportaient de beaucoup sur ses minces inconvénients.

§ 4 — Matériel d'artillerie en 1789

Les tableaux ci-après ont été établis d'après l'étude du capitaine Rouquerol sur « l'artillerie au début de la Révolution » (*Revue d'artillerie*, mai et juin 1895). Ils donnent la liste complète de tout le matériel d'artillerie, en service en France, à la mort de Gribeauval (1789).

TABLEAUX.

Pièces

		Poids du boulet plein, en fer battu, ou du projectile creux, vide, en kg	Calibre en mm	Longueur des pièces en cm	Poids des pièces en kg	
Canons de campagne						
Canons de	12	6	121,3	229	880	
	8	4	106,1	200	580	
	4	2	84,0	157	290	
Obusiers de 6^{po}		11	165,7	76	330	
Canons de troupes légères		0,5	52,9	115	130	En fait, ce canon, quoique figurant dans les tables de Gribeauval, était abandonné.
Canons de 4 dit « à la Suédoise »		2	84,0	162	325	Ce canon, quoique ne figurant pas dans les tables, était encore construit à Douai en 1792.
Pièces de siège et place						
Canons de	24	12	152,7	353	2 740	Désignés dans les tables sous le nom de canon de siège.
	16	8	133,7	336	2 000	
	12	6	121,3	317	1 550	Désignés dans les tables sous le nom de canon de place.
	8	4	106,1	285	1 060	
Canon de 4 long		2	84,0	235	560	Ce canon, quoique ne figurant pas dans les tables, était encore construit à Douai en 1792.
Obusier de 8^{po}		21	223,3	94	540	
Mortiers à chambre cylindrique	12^{po}	72	324,8	81	1 540	
	10^{po} G. P.	49	274,0	81	980	
	10^{po} P. P.	49	274,0	74	780	
	8^{po}	21	223,3	58	270	
Mortier à chambre tronconique « à la Gomer »	12	72	324,8	90	1 300	
	10	49	274,0	76	930	
	8	21	223,3	55	290	
Pierrier		40 à 50 kg de pierres.	406,1	»	735	

Projectiles

Canons	Boulets pleins, Boîtes à balles,
Obusiers	Obus, projectiles creux sans anses, Boîtes à balles (pour obusiers de campagne seulement),
Mortiers	Bombes, projectiles creux avec anses, Engins divers à mitraille,

Composition des boîtes à balles de campagne

ÉLÉMENTS DES BOITES A BALLES		CANONS DE 12	8	4	3	OBUSIERS de 6po	
Diamètre des balles en mm	No 1, dit grand calibre	38	29	26	24	38	a) Du no 1.
	No 2, dit petit calibre	27	23	23	»	»	b) Dont 80 du no 2, 32 du no 3.
	No 3, dit arrière-petit calibre	25	22	»	»	»	c) Dont 4 du no 1, 59 du no 2.
Hauteur de la boîte en cm	Grande boîte	27	19	15	13	19	
	Petite boîte	20	18	17	»	»	
Poids approximatif de la boîte en kg	Grande boîte	10,3	6,9	3,4	2,5	1,4	
	Petite boîte	9,3	6,3	4,2	»	»	
Nombre de balles	Grande boîte	41 (a)	41 (a)	41 (a)	»	61	
	Petite boîte	112 (b)	112 (b)	63 (c)	»	»	

Affûts

1 type d'affût de siège. — 3 nos (24 — 16 — 12).
— de campagne. — 3 nos (12 — 8 — 4).
— d'obusier. — 2 nos (8po — 6po).
— de troupes légères.
— de place avec châssis. — 4 nos (24 — 16 — 12 — 8).
— de côte en bois avec grand et petit châssis. — 4 nos (36-24-28-16 et 12).
— de mortier. — 3 nos (12po, 10po et 10po GP à la Gomer — 10po PP et pierrier — 8po).
1 type de plateau de mortier à plaque. — 2 nos.

Avant-trains

1 type d'avant-train de siège.
— de campagne. — 2 nos (12, 8 et obusier de 6po — 4).
— à limonière. — 3 nos (siège — campagne — 4).

Types de chargement des caissons

ESPÈCE de caissons	CALIBRE DES MUNITIONS	NOMBRE DE COUPS à boulets	à balle Grosses	Petites	Total	Total
Caisson de 12 et 8.	12	48	12	8	20	68
	8	62	10	20	30	92
	Obus de 6po	49	»	»	3	52
	Cartouches d'infanterie	»	»	»	»	14 000
Caisson de 4.	4	100	26	24	50	150
	Cartouches d'infanterie	»	»	»	»	12 000

Voitures diverses

1 type de chariot à munitions ou chariot de division avec son avant-train (communément appelé *prolonge*).	Analogue au chariot de parc actuel. Il portait sur le devant un coffre d'outils.
1 type dit de caisson de parc	D'une construction analogue à celle du caisson à munitions, ayant le même avant-train et appelé suivant sa destination : caisson d'outils ou caisson d'artifices.

1 type de chariot à canons avec son avant-train. — 3 n^os^.
 — de charrette à deux roues pour le service des sièges. — 2 n^os^.
 — de tombereau.
 — de charrette à bras.
 — de camion à deux roues.
2 types de triqueballe.
3 types de traîneau (ordinaire — glissant pour la montagne — à roulettes).
1 type de forge à quatre roues.
 — de haquet. — 3 n^os^ (à ponton — à bateau — à nacelle).
 — de pont roulant.

Poids des voitures pièce et caisson de l'artillerie de campagne
(en kg)

	12	8	4	OBUSIER DE 6p°
Pièce.	2 100	1 650	1 050	1 450
Caisson.	1 800	1 700	1 500	1 600

CHAPITRE III

EMPLOI DE L'ARTILLERIE SUR LES CHAMPS DE BATAILLE

§ 1 — Les dernières guerres du règne de Louis XIV

Les tendances à une symétrie systématique, qui s'étaient manifestées dans tous les ordres de bataille du dix-septième siècle, s'étaient accentuées de plus en plus pendant les dernières guerres de Louis XIV. Dans toutes les batailles de la fin du règne, les troupes étaient toujours disposées sur deux lignes, l'infanterie au centre, la cavalerie sur les ailes. La suppression des réserves, la diminution de profondeur dans les formations, en même temps que l'augmentation du nombre de bataillons et d'escadrons avaient été la cause d'une extension toujours plus grande de la ligne de bataille, au détriment de sa solidité.

Une répartition de l'artillerie sur tout le front était nécessaire pour racheter cette faiblesse et donner une ossature solide à cette ligne mince et peu résistante. L'artillerie avait à remplir une double mission : 1° soutenir la ligne des troupes ; 2° former des batteries indépendantes susceptibles d'appuyer certains points de l'attaque ou de la défense. Depuis qu'on avait renoncé en France à l'artillerie de troupe, l'artillerie de parc, seule, était chargée de ces deux missions, et on tâchait de donner aux pièces des emplacements satisfaisant à la fois à ces deux conditions.

a) L'ARTILLERIE PENDANT LES MARCHES

Les nombreux charrois qui suivaient les colonnes et les alourdissaient rendaient toutes les marches excessivement lentes. L'infanterie employait beaucoup de temps pour prendre ses dispositions de combat, et dans les premières campagnes du siècle, il avait paru suffisant de faire marcher l'artillerie en queue de l'armée, à la tête des charrois.

Les inconvénients de cette méthode ne tardèrent pas à se faire sentir : les armées étant devenues de plus en plus nombreuses, le nombre des colonnes de troupes augmentait chaque jour. En cas de rencontre avec l'ennemi, l'artillerie arrivait trop tard sur la ligne ou prenait trop de temps pour gagner ses emplacements sur les ailes. On décida de partager l'artillerie en deux groupes : le groupe actif, qui, formant une colonne spéciale, marcherait à hauteur des autres colonnes de l'armée, et généralement au centre, et le groupe passif qui marcherait en tête des charrois.

Ce procédé qui constituait un progrès ne tarda pas à paraître lui-même insuffisant. A la fin du dix-septième siècle, on plaçait toujours une ou deux brigades d'artillerie à l'avant-garde ou à l'arrière-garde, et chaque colonne était pourvue de quelques brigades. Quelquefois même, mais très rarement, toute l'artillerie était répartie entre les colonnes.

Quel que fût l'emplacement des brigades, les troupes d'artillerie et le matériel formaient toujours pendant la marche deux groupes entièrement distincts.

b) L'ARTILLERIE PENDANT LA BATAILLE

L'armée arrivait sur le lieu du combat en plusieurs colonnes (de trois à dix), chacune suivant une route particulière, mais marchant à la même hauteur. La majeure partie de l'artillerie, formant une colonne séparée et précédée par des sapeurs, marchait généralement au centre et un peu en arrière de la ligne formée par les têtes de colonnes. A Fleurus (1690), par exemple, l'armée de Luxembourg s'avançait sur cinq colonnes, l'artillerie formant celle du milieu.

Arrivées au lieu indiqué, les colonnes se rangeaient en bataille. Les mouvements de l'infanterie, lents et compassés, exigeaient beaucoup de temps et causaient un grand désordre ; il fallait ensuite rétablir l'ordre et la régularité dans la ligne. Le général en chef et ses généraux d'artillerie profitaient de ce moment pour faire une reconnaissance du terrain et déterminer les positions à occuper par les brigades.

La répartition de l'artillerie sur le terrain était simple : toutes les pièces devaient être disposées sur une seule ligne en avant du front et divisées en plusieurs batteries de force variant entre quatre et vingt pièces et même davantage ; mais le nombre et la position des pièces sur chaque emplacement dépendaient des circonstances et du but à atteindre. A Entzheim, les trente-deux pièces du lieutenant-général de Saint-Hilaire formaient quatre batteries de huit pièces[1]. La longueur du front, le retard avec lequel partaient les ordres pour l'artillerie faisaient que celle-ci n'était placée qu'après beaucoup de temps perdu.

Pendant ces préparatifs, la colonne s'était arrêtée. Les officiers et les différentes troupes des bataillons d'artillerie s'étaient rendus auprès de leurs brigades de matériel et de charrois : toutes les brigades s'organisaient, et le personnel était mis en rapport à ce moment seulement avec le matériel qu'il allait employer.

Au signal donné, les brigades entièrement organisées s'ébranlaient : elles venaient toutes défiler devant le général d'artillerie qui indiquait à chaque brigade la place qu'elle devait occuper. La brigade, après avoir été inspectée par le général, gagnait son emplacement en passant derrière les troupes déjà rangées. Elle distribuait aux bataillons désignés leur charrettes à munitions ; ces charrettes étaient placées à partir de ce moment sous la direction de l'infanterie et ne rentraient à l'artillerie qu'après la bataille.

Arrivée à hauteur de l'emplacement qu'elle devait occuper, chaque brigade laissait entre les deux lignes de troupes la plupart de ses charrettes à munitions et à outils, et passant par les intervalles, se portait à 100 mètres environ en avant de la ligne, avec un approvisionnement de vingt-cinq à trente coups par pièce.

Dès que la pièce était en batterie, les avant-trains et les chevaux étaient ramenés entre les deux lignes à côté des charrettes

---

1. Hardy de Périni, *Batailles françaises*, t. V (1672-1700), p. 118.

à munitions, formant le parc de la brigade. Ce parc restait sous la garde des fusiliers pendant que les canonniers étaient aux pièces. En outre de ces parcs particuliers de chaque brigade, il y avait un parc général qui, placé derrière le centre de l'armée, contenait le complément de l'approvisionnement à cent cinquante coups pour chaque pièce.

L'emplacement de ces parcs était bon pour l'artillerie, dont le tir, peu rapide, n'exigeait pas une trop grande proximité des munitions. Mais il était en revanche très dangereux pour les lignes d'infanterie qui se trouvaient très menacées par les explosions fréquentes des barils de poudre, causées par le tir de l'artillerie ennemie.

L'emplacement des diverses brigades était déterminé par les deux principes précédemment exposés. Elles devaient : 1° d'une part soutenir efficacement la ligne des troupes et répondre à l'artillerie de l'adversaire, par suite être réparties sur tout le front; 2° d'autre part, se masser sur les points reconnus les plus favorables selon le rôle défensif ou offensif de l'armée.

Chaque chef de brigade avait la latitude, dans le secteur qui lui était affecté, de choisir pour ses pièces le ou les emplacements, les plus favorables. Le but recherché était de permettre à l'artillerie de tirer le plus longtemps possible sans gêner la marche des troupes se portant à l'attaque, *et sans être obligée de se déplacer pour soutenir cette attaque*. Les hauteurs étaient évidemment les emplacements les plus favorables pour un pareil mode d'action, et on vit même, affirme Brunet, Montecuculli faire usage de deux étages de feux(1).

Les hauteurs jugées les plus avantageuses pour l'artillerie étaient celles situées sur les flancs et en avant de l'armée. On les occupait habituellement avec des pièces de gros calibre. Lorsqu'on jugeait inutile d'employer les grosses pièces de 24, on les laissait au parc, non pour y former une réserve, mais comme masse sans emploi.

La bataille commençait par l'action des lignes d'artillerie, qui durait très longtemps. Cette canonnade constituait même parfois

1. Brunet, *loc. cit.*, p. 177.

toute la bataille : les troupes restaient immobiles derrière les pièces, recevant les boulets perdus destinés à l'artillerie.

Après plusieurs heures de canonnade, l'infanterie se portait en avant et arrêtait ainsi le tir de l'artillerie. Quelques brigades particulièrement bien placées pouvaient seules continuer le tir. Le plus grand nombre devait se déplacer pour pouvoir soutenir l'attaque.

L'artillerie se divisait quelquefois, mais rarement, en deux fractions : une partie prenant position pour soutenir les troupes en cas d'échec; l'autre partie faisant venir ses avant-trains et se portant à l'attaque avec l'infanterie. L'artillerie française employa plusieurs fois cette méthode avec succès, à la Marsaglia (1693), par exemple. « Notre canon a servi en perfection, relate Catinat, M. de Cray lui ayant toujours fait suivre les troupes (1). » Mais le peu de mobilité des pièces demandait pour ces mouvements beaucoup d'efforts et une grande habileté. La mise en marche et en batterie exigeait de plus beaucoup de temps. Aussi, presque toujours, quand l'artillerie arrivait sur la ligne, celle-ci se reportait déjà en avant.

C'était alors le beau moment pour l'artillerie de la défense, qui avait devant elle des lignes plus denses. L'infanterie était obligée de s'arrêter pour attendre l'arrivée de son artillerie qui, par le tir à mitraille, obligeait enfin l'adversaire à reculer.

Plusieurs fois, rarement cependant, l'on vit, après la victoire, des brigades se porter en avant, pour canonner la retraite des ennemis.

Dans les dernières guerres du règne de Louis XIV, l'artillerie de campagne eut peu d'occasions de s'employer sur un champ de bataille(2).

§ 2 — Période de 1715 à 1740

L'artillerie avait considérablement diminué dans l'armée française à la suite des guerres de la fin du règne de Louis XIV; sa proportion était tombée à 1 pièce pour 1 000 hommes. Cepen-

1. Cité par Hardy de Périni, *loc. cit.*, p. 324.
2. Cf. Brunet, *loc. cit.*, t. II, *passim.*

dant, l'adoption du fusil à baïonnette et, comme conséquence, la suppression des piques avaient encore augmenté l'extension des lignes en diminuant la profondeur des formations. La nécessité d'un soutien pour ces lignes minces et peu solides se faisait sentir plus impérieusement qu'auparavant et exigeait de plus en plus le morcellement de l'artillerie sur tout le front de l'armée. Pour ce motif, toute action puissante de la part de cette arme était impossible.

Les opérations qui eurent lieu en Italie en 1734 et 1735 furent exécutées sans vigueur et ne donnèrent pas de grands résultats. Dans ces diverses opérations, l'artillerie française formait toujours un parc indépendant des troupes, mais elle montrait une tendance de plus en plus prononcée à se partager entre les brigades d'infanterie.

Dans les sanglantes victoires de Parme et de Guastalla, on voit l'artillerie manœuvrer sur le champ de bataille et jouer un rôle plus important.

« La bataille de Parme fut une fusillade et une canonnade sanglantes, engagées mal à propos, sur un terrain étroit et parsemé d'obstacles. Le duc de Coigny, qui commandait l'armée française, marchant aux ennemis, *avait fait distribuer l'artillerie entre les brigades d'infanterie.* Trente-quatre compagnies de grenadiers, avec une batterie de cinq pièces, formaient l'avant-garde. Sur la route de Parme à Plaisance, cette avant-garde se trouva attaquée par toute l'armée ennemie ; elle s'établit solidement dans des cassines situées sur la route ; là, par un feu terrible de mousqueterie, de boulets et de mitraille, elle repoussa les attaques ennemies et se maintint jusqu'à l'arrivée de l'armée : toute l'infanterie et l'artillerie formaient une seule colonne qui mit bien longtemps à défiler ; mais, heureusement, l'artillerie était distribuée entre les troupes. Les premières brigades d'infanterie arrivèrent successivement avec leurs batteries vers l'avant-garde, s'établirent et entretinrent un feu terrible à deux cents pas de distance. Les brigades suivantes se disposèrent le long de la grande route de Parme, à gauche des précédentes. Les troupes formaient quatre lignes ; les batteries s'établirent, partie sur la route, partie en avant de la gauche, sur les glacis de Parme, de manière à empêcher l'ennemi d'agir par sa droite pour couper la retraite. Le feu de ces dernières batteries força les Autrichiens de replier considérablement leur droite et d'entasser leurs troupes dans un espace resserré.

« L'infanterie ennemie était refoulée sur cinq à six lignes; un grand nombre de pièces étaient établies derrière la première, qui les couvrait ainsi des ravages de la fusillade. Derrière cet abri, les canons se chargeaient et se mettaient en état de faire feu; à un ordre donné, les troupes s'entr'ouvraient pour laisser passer les décharges, puis se refermaient aussitôt. Quelques-unes de ces pièces de brigade essayèrent de manœuvrer : cinq d'entre elles se détachèrent de la gauche et se portèrent vers les cassines pour enfiler la ligne française; mais leurs faibles boulets produisirent peu d'effet contre ces cassines; les cinq canons durent se retirer sous une grêle de balles et sous la mitraille de quatre pièces françaises, que Saint-Perrier vint établir avec audace sous un feu terrible qui tua presque tous les canonniers et les chevaux. Une autre petite batterie française s'avança sur la route de Parme contre la droite autrichienne, mais fut en partie paralysée par une grêle de balles; enfin, après une lutte de dix heures, les Autrichiens quittèrent le champ de bataille; ils avaient perdu 16 000 hommes, qui formaient plus des trois quarts de leur infanterie. Les Français perdirent 9 000 hommes.

« Dans cette sanglante bataille, une grande partie des deux artilleries resta paralysée, intimidée qu'elle était par un rapprochement peu ordinaire pour elle, et retenue aussi par le point d'honneur de ne pas perdre ses pièces. L'artillerie autrichienne montra surtout une prudence excessive: elle se tint presque toujours à couvert derrière les troupes et n'employa qu'une très faible partie de ses pièces. Celle française agit en plus grande proportion, fit plus d'efforts et occasionna de grands ravages dans l'armée ennemie; mais plusieurs fois les batteries, effrayées de la destruction presque complète de leurs hommes et de leurs chevaux, se retirèrent derrière les troupes. La cause de ces retraites était seulement la crainte de compromettre le matériel et non le manque de courage chez le personnel. La preuve en fut *que la plus grande partie du bataillon d'artillerie vint agir comme troupe d'infanterie* (!) vers les cassines de droite, là où le feu était le plus terrible ; ce bataillon fut presque entièrement détruit ; cette perte fut vivement sentie par l'armée.

« Guastalla fut encore une bataille presque accidentelle. De Coigny, incertain sur les mouvements de l'ennemi, avait laissé une partie de son artillerie à la tête du pont sur le Pô, afin d'assurer la retraite ; puis il avait étendu les troupes et les brigades légères d'artillerie sur une vaste ligne autour de Guastalla. Les batteries formaient les saillants de la ligne, laissant les troupes et les villages dans de forts rentrants.

« Les ennemis vinrent à l'attaque, agissant surtout par leur droite. Deux fortes batteries françaises appuyèrent vigoureusement les charges de la cavalerie française de gauche, en prenant d'écharpe les trois lignes serrées de la cavalerie autrichienne. Ensuite, ces batteries réunies à une autre, forte de dix pièces et placée sur la grande chaussée de Luzzara, repoussèrent toutes les attaques de l'ennemi contre le village central. Cette dernière batterie agit avec une vigueur étonnante ; elle soutint vivement le village, après avoir repoussé, à coups de mitraille roulante, les attaques directes d'une colonne, et avoir démonté, par ses boulets, deux pièces de la batterie qui appuyait cette colonne.

« Pendant le courant de la bataille, *les batteries françaises changèrent plusieurs fois de position pour prendre en flanc les attaques ennemies ; enfin, deux batteries poursuivirent et canonnèrent vivement la retraite des Autrichiens*. L'artillerie de ces derniers, commandée par le prince de Wittemberg, qui fut tué en faisant avancer une batterie, déploya beaucoup d'activité pour appuyer le flanc des attaques ; elle fit beaucoup de mal par ses obusiers et ses mortiers. Plusieurs explosions eurent lieu dans les batteries françaises par suite des projectiles creux des ennemis [1]. »

Ces deux exemples ne permettent cependant pas de voir un changement remarquable dans les idées en cours à cette époque sur l'emploi de l'artillerie au combat : il faut recourir aux théori-

1. BRUNET, *loc. cit.*, t. II, p. 317.

ciens et chercher dans leurs écrits le mouvement des idées sur la tactique de cette arme.

Dans les nombreuses théories exprimées pendant la période de paix succédant aux longues guerres qui venaient de mettre aux prises l'Europe avec la France, l'opinion dominante était de diminuer l'étendue du front occupé par l'infanterie pour rendre celle-ci plus manœuvrière. Ces dispositions, offrant à l'artillerie des buts plus massifs, tendaient à augmenter la puissance de cette arme et exigeaient un grand nombre de forts calibres. C'est ce qui explique que le maréchal de Saxe, dans ses *Rêveries*, ait exprimé le désir de voir atteler l'artillerie uniquement avec des bœufs, « parce qu'ils détériorent moins les chemins, et qu'on ne doit avoir que des pièces de 16 ». On ne marchait pas vers une augmentation de mobilité et vers une tactique hardie et manœuvrière. Les canons du système de Vallière, lourds et d'un emploi difficile, allaient contribuer à donner aux guerres de cette époque leur caractère de lenteur et de prudence.

Cependant, tous les auteurs militaires n'étaient pas d'accord avec Vallière. Plusieurs parmi eux demandaient pour l'artillerie plus de légèreté et de mobilité. Ils commençaient à entrevoir quel rôle pourrait jouer sur le champ de bataille une artillerie plus mobile et, à défaut d'un matériel plus léger, ils demandaient à l'artillerie plus de liaison avec les troupes. Ainsi, dans les marches, la réunion du parc marchant séparément avec les bagages était blâmée. On tendait de plus en plus à rattacher les brigades d'artillerie aux troupes d'infanterie de première ligne.

Follard demandait de partager toutes les pièces entre les colonnes d'infanterie, Feuquières recommandait, surtout pour les marches rapides, de partager l'artillerie en plusieurs colonnes et de détacher quelques batteries auprès de l'infanterie. De Quincy était du même avis; de plus, il appréciait beaucoup les marches de flanc, avec les brigades d'artillerie, sur le flanc intérieur, marchant à hauteur des intervalles de troupes dans lesquels ces batteries devaient s'établir. Santa-Cruz allait plus loin encore; afin de hâter l'entrée en action de l'artillerie, il posait en principe que cette arme doit toujours marcher avec les troupes, « sur la ligne où l'on croira avoir besoin de s'en servir ». Là, elle peut être exposée, ajoute-t-il, mais cet inconvénient est moindre que celui de manquer de canon quand il sera nécessaire [1].

Sur le champ de bataille, il était de règle de disposer toute l'artillerie en première ligne. Santa-Cruz partageait son parc de dix-huit pièces en six batteries de trois pièces, placées, les canons de 12 sur les ailes de l'infanterie, ceux de 8 entre les brigades d'infanterie. Les pièces devaient être couvertes par des chevaux de frise. Ces batteries avaient ainsi une position très solide, mais, comme elles ne se déplaçaient que difficilement, elles devaient se trouver bientôt masquées par la marche des troupes en avant. Aussi Santa-Cruz disait : « Si je pouvais établir ma ligne à l'avance, j'établirais mes batteries dans des redoutes placées à 200 pas en avant des intervalles de troupes [2]. »

De Quincy, suivant les bonnes traditions de l'artillerie française, disait que l'artillerie devait être distribuée suivant les circonstances et devait occuper tous les points en avant et sur les flancs de la ligne ; qu'elle ne devait se couvrir de retranchements qu'autant qu'elle aurait à soutenir une longue canonnade. Comme, précédemment, les pièces seules, avec un petit nombre de coups et les hommes destinés au service, étaient exposées en première ligne, les chevaux, le reste des hommes et du matériel formaient des parcs en arrière.

Santa-Cruz, poursuivant ses idées de morcellement dans les dispositions de l'artillerie, partageait la réserve de matériel et d'hommes de chacune de ses brigades de trois pièces, en une suite de petits parcs échelonnés sur une ligne perpendiculaire au front. Ainsi, trois coups par pièce seulement étaient en première ligne. A 200 pas en arrière était un petit parc contenant cinquante-sept coups par pièce, les avant-trains sans chevaux, et des soldats d'infanterie pour faire le service de pourvoyeurs. A 500 pas était établi un autre parc, contenant les attelages et un assez grand nombre de soldats, pour maintenir les charretiers. A 1 000 pas, un parc assez fort contenait les affûts et voitures de réserve, avec un approvisionnement de soixante coups par pièce. Enfin, à 1 500 pas,

1. Brunet, *loc. cit.*, p. 326.

2. Idem, *loc. cit.*, p. 327.

et derrière les batteries des ailes seulement, se trouvait le grand parc du matériel.

Cette disposition, curieuse et bien raisonnée, avait l'avantage de compromettre très peu de matériel en cas d'accident; mais elle était évidemment trop morcelée; il devait en résulter du désordre dans une action un peu vive, malgré tous les efforts de Santa-Cruz pour centraliser le service de ces parcs au moyen de chefs et d'ordonnances à cheval.

L'artillerie, une fois établie, devait commencer son feu dès que l'ennemi apparaissait. Ce principe, établi par Montecuculli, était généralement admis; mais il perdait beaucoup de ses inconvénients par le petit nombre de coups que l'on prescrivait de tirer aux grandes distances. Généralement, on devait consacrer les deux tiers de l'approvisionnement aux distances supérieures à 600 pas. La mitraille ne devait commencer qu'à 300 pas et finir à 30 seulement. De Quincy et Santa-Cruz recommandaient aux batteries de rechercher les feux rasants et de tirer sur les troupes plutôt que sur les batteries, en se contentant d'envoyer quelques boulets à ces dernières, pour leur en imposer.

Quand les troupes marchaient en avant, l'artillerie devait faire son possible pour les accompagner; les pièces qui suivaient ces troupes, traînées soit par des hommes, soit par des chevaux, devaient être chargées à mitraille. Les autres pièces devaient chercher à prendre des positions favorables, soit pour appuyer l'attaque, soit pour appuyer le ralliement.

« Lorsque, dans une retraite, les troupes prenaient des dispositions massives, l'artillerie devait se distribuer sur la surface et rester là jusqu'au dernier moment, sous peine de déshonneur. Du reste, dans les circonstances ordinaires, l'artillerie devait éviter autant que possible d'être enlevée par l'ennemi « car, disait de Quincy, les pièces sont des trophées pour l'ennemi ».

Enfin, tous les auteurs militaires étaient d'accord pour exiger du général d'artillerie beaucoup de capacité, de science et d'activité. Tous trouvaient nécessaire, pour lui, la qualité de général d'armée; car, très souvent, il doit agir de lui-même. Sa place, dans une bataille, était dans la ligne des batteries, à la tête de l'armée; là, son activité devait être continuelle, il devait tout voir et tout diriger, suivant les circonstances. Le général d'artillerie devait avoir plusieurs chevaux, tenus disponibles sur plusieurs points du front de l'armée; ses lieutenants, et même les commandants de batterie, devaient être aussi à cheval (1).

L'ordre suivant, qui se trouve aux archives de la section technique d'artillerie, indique d'une façon plus précise le mode d'action dans le combat de l'artillerie à cette époque.

ORDRE GÉNÉRAL POUR LE SERVICE D'ARTILLERIE LE JOUR D'UNE BATAILLE, PAR CAMUS-DESTOUCHES (12 SEPTEMBRE 1720) [2].

Lorsque le général de l'artillerie et ses lieutenants ont fait les dispositions pour le canon qui doit être aux ailes ou dans le centre de l'armée, chacun des commissaires qui commandent des brigades de canon prendra les ordres du lieutenant qui commandera du côté où sa brigade doit aller, et marchera à son poste.

Chaque brigade sera pourvue de fourrage pour bourrer, herbe, paille, foin, chanvre, et feuilles même; tout sera bon ce jour-là.

Les canonniers auront des boute-feux de rechange, en sorte qu'il y en ait deux à chaque pièce.

Chaque brigadier visitera sa brigade et regardera avec soin qu'il ne lui manque rien : son honneur dépend de cette attention et personne n'y doit manquer.

Il ne faut charger les pièces qu'en présence des ennemis, ou, à la première halte qu'on fera peu de temps avant que d'attaquer. On pourra flamber pendant la marche et lorsqu'on s'arrêtera en quelque endroit, avec les précautions ordinaires, pour ne point mettre le feu à des troupes voisines.

Le lieutenant d'artillerie recevra les ordres de l'officier général qui commandera les troupes à son aile, et il lui fera part de la disposition qu'il aura faite ou méditée pour placer le canon, afin que l'officier général y fasse les changements qu'il jugera convenable suivant les vues qu'il aura.

Quand l'armée se mettra en bataille, l'artillerie se tiendra derrière la ligne : elle ne sera avancée que lorsque la résolution d'attaquer sera prise. Il ne faut pas mettre le canon à la tête pour le retirer ensuite sans qu'il ait agi : cela déplaît aux troupes et il est bon de faire faire cette attention aux officiers généraux.

---

1. BRUNET, *loc. cit.*, t. II, p. 328, sqq.

2. Archives de l'artillerie, 2 b-2 c. Camus-Destouches, maréchal de camp, inspecteur général de l'artillerie, directeur général des écoles d'artillerie.

Tout ce qui est de la brigade du parc (à la réserve du canon et des munitions nécessaires pour l'exécuter, qui prendront la tête de la ligne pendant l'action) demeurera derrière le centre où on sera à portée de se fournir aisément des outils, poudre, plomb et aux troupes qui en manqueront. C'est par cette raison que la brigade du parc, composée du gros canon et de la plus grande partie des munitions nécessaires aux troupes, prend toujours son poste au milieu de l'armée.

On détachera à chaque brigade les officiers de Royal-Artillerie et les hommes nécessaires pour l'exécuter, suivant le canon dont elle sera composée. Ils seront pris, autant qu'on pourra, parmi les vieux soldats, et point de recrues.

Le détachement de celle du parc sera plus fort, attendu le gros canon qui se trouve d'ordinaire à cette brigade.

Si, par exemple, les brigades sont de dix pièces chacune, chaque détachement sera de 2 capitaines et de 70 hommes, desquels on en prendra 30 avec un lieutenant pour garder les chevaux, les avant-trains et encore plus les charretiers : on les mettra dans un lieu à couvert, s'il est possible, mais à portée de la batterie afin de pouvoir atteler diligemment quand il faudra déplacer le canon. Ce détachement de 30 hommes suppléera aussi au défaut de ceux qui, en exécutant les pièces, seront mis hors de combat. Le brigadier recommandera bien sérieusement ses charretiers à l'officier qui commandera les 30 hommes qu'on vient de dire, en sorte qu'il en réponde jusqu'à tuer celui qui voudrait s'en aller. Il serait bon de les enfermer dans des sentinelles.

Il y aura quelques charrettes composées dans chaque brigade légère ; mais le gros de ces charrettes se trouvera à la brigade du parc pour fournir des munitions aux troupes qui en auront besoin, lesquelles seront averties qu'il y en aura partout où l'on tirera du canon. Ces charrettes composées seront mises avec les avant-trains et les chevaux à la réserve, et on les distribuera aux officiers des troupes qui en viendront demander.

Les capitaines et conducteurs du charroi détachés aux brigades s'y trouveront le jour de l'action, à peine d'être chassés s'ils y manquent. Ils ne pourront se mettre à la réserve pendant l'exécution des pièces. Le capitaine général du charroi se trouvera à celle du parc. Tous les ouvriers se trouveront aussi à leurs brigades.

Chaque lieutenant commandant à une aile ou au centre aura auprès de lui un officier pour porter ses ordres dans l'étendue de son commandement.

Chacun des brigadiers obéira aux ordres non seulement du lieutenant qui sera à son poste, mais de celui qui pourrait y venir, observant d'avertir son commandant naturel de ce que celui qui surviendra lui aura commandé. Tout le monde doit agir de concert le jour d'une bataille et les discussions sont de mauvaise grâce en présence de l'ennemi, et lorsqu'il faut agir.

Le général de l'artillerie aura près de lui tous les majors ou aides-majors par lesquels il enverra des ordres.

Chaque brigade sera placée suivant la faveur du terrain, et ce qu'on pourra juger des mouvements de l'ennemi, afin d'être en état de les interrompre au moins, si on ne peut entièrement les empêcher.

Il faut observer de ne mettre l'artillerie qu'à une distance proportionnée des troupes ; leur protection lui est nécessaire, et lorsqu'on avance quelque batterie sur laquelle les ennemis pourraient entreprendre, il faut demander à l'officier général, des troupes pour la soutenir.

On ne défoncera qu'une seule tonne de poudre à chaque brigade et lorsqu'elle sera consommée, on en défoncera une autre : cette tonne sera placée derrière le centre de la batterie.

On mettra à terre une quantité de boulets, à mesure qu'on en aura besoin. Il faut bien se garder de tout décharger en même temps, et une attention qu'on doit recommander par préférence, c'est d'avoir soin de recharger tous les boulets qui se trouveront à terre, lorsque le canon fera quelque mouvement. Cela ne s'observe pas toujours exactement, et tel officier trouverait moyen de se servir utilement de son canon et de se distinguer s'il avait encore des boulets, lequel en manque l'occasion, pour en avoir laissé au poste qu'il vient de quitter.

Il faut prendre garde que l'ardeur de servir diligemment les pièces n'empêche de bien écouvillonner et de pointer juste. Il vaut mieux moins tirer et que ce soit avec succès et à-propos. Et lorsque les officiers généraux ou les troupes se plaindront du peu de diligence de l'artillerie (car on le croit ordinairement), on leur fera remarquer que l'on ne tire pas un coup qui ne porte. Il n'y a rien à dire contre cette maxime : le service n'est peut-être pas si brillant, mais il est plus solide.

Quand on n'a devant soi que du canon, il faut tirer aux batteries des ennemis, parce qu'on doit supposer que les troupes sont derrière, sur lesquelles les boulets portent après leur premier bond. Mais quand on voit des troupes ennemies en position pour faire une manœuvre avantageuse, il ne faut point faire attention à la batterie opposée, quelque dommage qu'on en souffre, aller au bien de l'affaire générale et tirer sur ces troupes.

L'officier qui commande une batterie doit donner toute son attention à examiner le plus ou moins de justesse des coups pour se corriger et connaître ses pièces, en sorte qu'il puisse tirer service même d'une pièce qui aura des défauts.

L'artillerie doit suivre les troupes autant que faire se pourra, tant qu'elles iront en avant. Quelque succès qu'ait la bataille, il ne faut se retirer que lorsque les troupes qui seront avec le canon se mettront en mouvement pour cela.

Celui qui commandera une brigade prendra l'ordre pour la retraite, de l'officier général dont il l'aura reçu pendant l'action et s'il arrivait qu'il ne trouvât pas cet officier général, il retirera son canon, ou le fera demeurer suivant ce qu'il jugera le mieux, et le mieux est toujours le parti où il paraît le plus de fermeté, sans pourtant se compromettre par trop de courage et s'exposer à perdre le canon par sa faute.

Il est quelquefois utile de conserver des pièces pour les placer dans les intervalles des bataillons où elles font les mêmes mouvements que les troupes. Il n'y a point de règles sur cela, et l'officier d'artillerie qui la commande à une aile doit prendre ce parti, quand il connaît qu'il en peut résulter quelque bien et que l'officier général le juge à propos.

Voilà à peu près ce qu'on peut donner de règles pour le service de l'artillerie le jour d'une bataille. Ce qui regarde l'attaque ou la défense d'un poste et la protection d'un fourrage et d'un convoi, n'admet point de règles générales : la manœuvre qu'on y doit observer est enfermée dans la plus grande partie de cette instruction. On placera seulement le canon, dans ces différentes conjonctions, à portée de l'endroit par où l'ennemi pourra attaquer avec plus d'avantage.

Comme conclusions, cet ordre contenait les dispositions pour les munitions nécessaires aux troupes le jour d'une action.

On distribuera aux brigades d'infanterie des charrettes composées suivant leur force ; aux dragons de même.

Outre cela, il faut que le major général fasse avertir les troupes qu'il y aura des charrettes composées partout où le canon tirera, afin que celles qui en auront besoin en envoient chercher aux batteries qui seront les plus proches d'elles.

Le plus grand nombre de charrettes composées d'outils, etc., se trouvera au centre de la brigade du parc. Il faut avoir soin d'en envoyer de là aux endroits où l'on juge que les ennemis veulent faire un effort et où le feu sera plus grand. Il est aisé de voir de quel côté l'action est plus vive ; cette précaution porte un secours plus prompt aux troupes qui manquent de munitions et peut contribuer à la conservation d'un poste de conséquence.

Il est nécessaire que M. le major général enjoigne aux troupes, de la part du général de l'armée, de ne point ouvrir les tonnes de poudre et de plomb qu'on leur donnera par brigade, que lorsqu'on sera sûr de la bataille. Cet ordre est d'importance parce que, si l'on ouvrait ces tonnes et qu'il n'y eût point d'action, ce sont autant de munitions perdues et on n'est pas toujours à portée d'en avoir de nouvelles.

§ 3 — Campagnes du milieu du dix-huitième siècle (1741-1763)

Le système d'artillerie dont Vallière avait doté les armées françaises, et qui devait durer jusqu'en 1771, allait influencer la tactique des généraux du milieu du dix-huitième siècle. Dans les guerres précédentes, les opérations de campagne avaient été sacrifiées à celles de siège, aussi l'artillerie de siège fut-elle envisagée principalement au moment de la refonte du matériel.

La proportion des pièces de 4 que nous avons vu entrer dans les parcs de Vallière rendaient cette masse du parc plus légère que précédemment. Mais le poids de 1 150 livres de ces pièces, était encore très fort relativement au calibre. Il avait pour Vallière l'avantage de rendre impossible l'établissement de l'artillerie régimentaire :

La présence dans le parc de canons de gros calibres, très lourds, avait beaucoup d'inconvénients, et ils furent une grande cause d'embarras pour les généraux.

a) L'ARTILLERIE DANS LES MARCHES

Bardet de Villeneuve, dans son *Cours sur la science militaire,* paru en 1741, indique de la façon suivante les règles auxquelles l'artillerie devait se conformer pendant les marches avant la bataille.

« Les grandes armées marchent ordinairement sur trois colonnes ; les troupes de la droite prennent le chemin de la droite ; l'artillerie, les vivres, et les gros bagages marchent dans le centre, par le chemin le plus frayé et le plus ferme, à cause de leur pesanteur et pour leur sûreté : les troupes de la gauche composent la colonne de la gauche. Il doit y avoir toujours quelques escadrons à la tête des colonnes, qui sont ordinairement des dragons avec des travailleurs, et une charrette ou un chariot d'outils, pour raccommoder les chemins. On laisse quelquefois le corps de réserve, s'il y en a un, ou quelques détachements, pour escorter l'artillerie, les vivres, et les gros bagages, qu'on fait marcher devant ou derrière, ou qu'on partage selon le besoin, ou selon la situation des ennemis, s'ils sont à portée d'entreprendre quelque chose. Les menus équipages précèdent, et marchent par des chemins sur la droite et sur la gauche, escortés par quelques détachements quand la marche se fait loin des ennemis, ou par un chemin particulier, s'il y en a un; en ce cas une armée ne pouvant marcher sur trop de colonnes.

« Lorsqu'on marche vers l'ennemi, les bagages vont absolument derrière; l'artillerie fait son chemin dans le milieu, excepté quelques brigades, dont une marche à la tête de chaque colonne, précédée de quelques troupes. Quand les ennemis sont en état de marcher à vous, la disposition de la marche sur trois colonnes est la plus assurée, avec le corps de réserve pour couvrir les bagages; parce qu'à mesure que les colonnes de la droite et de la gauche arrivent dans le camp qui est destiné pour l'armée, elles peuvent se mettre facilement en bataille, selon l'ordre qu'en a fait le général dès le commencement de la campagne, auquel se doit toujours rapporter l'ordre de la marche.

« Comme il est aisé à la cavalerie de la droite et de la gauche, et à l'infanterie, de se mettre en bataille sans se déranger, elles forment, en arrivant, les deux ailes de l'armée et le centre. Il est pareillement aussi facile à chaque brigade d'artillerie d'aller prendre son poste, pour se mettre à la tête des brigades qui lui sont marquées par l'ordre de bataille; en sorte que toute cette disposition étant bien entendue et bien exécutée, ce ne sera jamais une affaire dans un pays ouvert que de se mettre promptement en bataille, devant quelque ennemi que ce soit, sans courir risque d'être surpris; par ce moyen l'artillerie sera toujours en état d'agir aussi tôt que les troupes, pourvu qu'on la fasse marcher par brigades. »

Et un peu plus loin il ajoute :

« La manière de marcher sur trois colonnes, ou sur autant de lignes que l'armée en forme dans le camp, est excellente, lorsque les ennemis sont campés sur les flancs de la marche, et qu'on veut marcher en avant. L'artillerie et les bagages doivent marcher sur la gauche de la seconde ligne si les ennemis sont sur la droite de l'armée, et au contraire sur la droite si les ennemis sont à la gauche; parce que s'ils venaient pour combattre l'armée pendant la marche, les escadrons et les bataillons faisant un à-droite ou un à-gauche, les deux lignes de l'armée se trouveraient en bataille, et l'artillerie marchant à la hauteur des troupes devant lesquelles elle doit être postée, passant par les intervalles des deux lignes, se trouverait en peu de temps à la tête de la première ligne. »

Examinons maintenant les dispositions de détail, généralement adoptées par l'artillerie à cette époque pour les marches.

« Dans les marches, dit le capitaine Colin, l'artillerie forme ordiordinairement une colonne distincte avec les bagages. Elle est divisée en brigades par son commandant. Elles comprend parfois quelques pièces de gros calibres qui forment la première brigade, avec les chariots nécessaires et un chariot d'outils. Le reste forme habituellement cinq brigades, comprenant chacune une dizaine de pièces, les caissons et chariots correspondants, et un chariot d'outils, par exemple :

	VOITURES	CHEVAUX
Chariot d'outils	1	4
Pièces de 4, montées et armées.	10	40
Affût de rechange (1).	1	4
Chariots de poudre nette	2	8
Caissons de 300 boulets chacun, de 20 cartouches et de 6 paquets de mèche	3	12
Chariots composés.	5	20
Chariots pour les officiers	2	8
Total.	24	96

« Outre les brigades, il y avait un parc comprenant trente à quarante voitures (outils, sacs à terre, cordages, etc.), et les équipages des officiers (commandant de l'artillerie et ses adjoints, major, contrôleur, etc.). Il devait rester une cinquantaine de chevaux haut le pied.

« Chaque pièce avait trente coups à tirer dans le coffret d'affût et une centaine dans les caissons et charrettes.

« Pendant la marche, on place en tête de la colonne un « va-

1. Les affûts étant alors beaucoup plus fragiles que les pièces, il était plus indispensable qu'aujourd'hui d'avoir des affûts de rechange.

guemestre » pour montrer le chemin ; il doit être accompagné de 40 à 50 pionniers, suivis d'une charrette d'outils pour couper les arbres ou souches qui pourraient embarrasser le chemin, pour l'aplanir, remplir les trous, et le rendre praticable. Après la charrette d'outils, on fait marcher quatre pièces chargées à boulet, accompagnées de leurs canonniers, le boute-feu allumé.

« Après ces quatre pièces on fait marcher une charrette contenant de la poudre, du plomb, de la mèche et des prolonges.

« Ensuite viennent les pontons, puis une chèvre et une équipe d'ouvriers ; les pièces de canon marchent ensuite, les plus grosses en tête, etc.

« Le bataillon Royal-Artillerie destiné au service des pièces marche souvent en tête de la colonne, avec les mineurs, s'il y en a.

« Si l'on marche vers l'ennemi, et qu'on croie qu'il puisse y avoir quelque action particulière, on met à l'avant-garde de l'armée une ou deux brigades légères, sous les ordres d'un lieutenant ou d'un commissaire provincial.

« Quand l'armée marche à la vue de l'ennemi, de sorte qu'on puisse craindre que l'arrière-garde ne soit attaquée, on y fait marcher pareillement une ou deux brigades légères d'artillerie pour la soutenir et favoriser sa retraite (1). »

b) L'ARTILLERIE PENDANT LE COMBAT

Aucune règle de tactique n'avait été adoptée pour l'emploi de l'artillerie sur le champ de bataille : son rôle consistait encore uniquement à préparer par son feu l'attaque de l'infanterie ou, au contraire, à soutenir la ligne trop faible.

L'emplacement des batteries était fixé en conséquence. Le duel d'artillerie était très rare parce qu'il ne pouvait aboutir. Les pièces étaient toujours placées en avant du front : les plus gros calibres devant le centre de l'infanterie, les petits vis-à-vis des intervalles qui séparaient l'infanterie de la cavalerie, ou en avant de cette dernière. S'il y avait des hauteurs en avant ou sur les flancs, on

1. COLIN, *loc. cit.*, p. 112.

y plaçait quelques brigades. On recommandait à l'artillerie de conserver toujours la même répartition, même dans le cas exceptionnel où elle pourrait accompagner la ligne dans son mouvement en avant. En cas de défaite, comme elle ne pouvait se mouvoir qu'au pas, elle était d'avance considérée comme perdue.

L'emploi de l'artillerie pendant la bataille était généralement fixé de la façon suivante :

« Lorsque le général de l'armée a ordonné à l'artillerie de se ranger à la tête de la première ligne de son armée, les officiers d'artillerie qui commandent les brigades doivent aller reconnaître le terrain qui est devant la brigade ou le régiment avec lequel ils doivent combattre, et faire en sorte de placer le canon sur quelque hauteur, s'il est possible, ainsi que nous le dirons ci-après.

« Ordinairement, le jour d'une affaire, la brigade du parc se place derrière le centre de la seconde ligne. Le jour d'une action on doit faire les distributions, pour les troupes, des munitions qui composent la brigade du parc, et ne pas toucher à celles qui appartiennent aux brigades légères, parce qu'outre le besoin que ces brigades en ont pour elles-mêmes, comme elles sont dispersées aux lieux les plus nécessaires pour soutenir les troupes qui combattent, elles peuvent aussi dans leur besoin leur fournir des munitions si elles venaient à en manquer, sans être obligées d'en aller chercher plus loin. Cent boulets par pièces sont plus que suffisants, parce qu'il y a quantité de pièces qui ne tirent que peu ou point.

« Si l'armée était composée de 100 000 hommes, il faudrait cent pièces de canon, et les autres munitions à proportion ; parce que, s'il n'y en avait que cinquante, elles ne seraient pas suffisantes pour garnir le front de la première ligne de l'armée, qui occuperait un grand terrain. C'est pourquoi, on peut compter une pièce de canon par 1 000 hommes, et lorsqu'on fait des détachements de l'armée, on en fait aussi du canon à proportion, et des autres munitions de même. On doit remarquer, cependant, que lorsqu'une armée s'éloigne considérablement de ses places, son équipage d'artillerie doit être plus fort, par la raison qu'elle ne peut tirer des munitions d'aucun endroit.

« Sitôt que l'armée se mettra en mouvement pour se ranger en bataille dans le dessein de combattre, le général en chef donne à chaque chef de brigade des ordres par écrit, sur lesquels seront marquées, conformément à l'ordre de bataille, les troupes devant lesquelles elles se doivent poster, afin que chacun y marche en diligence par plusieurs chemins, si cela se peut, et se place devant la première ligne, à la tête des brigades d'infanterie qui leur seront assignées.

« Sitôt qu'elles y seront arrivées, les chefs de brigades feront distribuer à chaque bataillon, dont les noms doivent être spécifiés par le même ordre, un chariot ou charrette composée, dont les majors de chaque brigade d'infanterie se chargeront afin de les faire distribuer en cas de besoin, et les remettront aux commandants de chaque brigade d'artillerie, si l'infanterie ne s'en sert point, ou s'il n'y en a qu'une partie de consommée. Les majors des régiments auront soin de mettre entre les deux lignes chaque chariot ou charrette, à la queue des bataillons qui leur sont destinés.

« On doit avoir avec les pièces de canon de quoi tirer trente coups chacune ; le reste des munitions et des chariots attachés à chaque brigade doivent être pareillement entre les deux lignes, à portée, et le plus sûrement qu'on pourra, pour en tirer le service dont on aura besoin. Ils doivent être gardés avec les charretiers et les chevaux, qu'on mettra le plus à couvert qu'on pourra, par un officier d'artillerie et par un du bataillon, ou par un sergent avec 20 ou 30 hommes, selon la force des compagnies. Ces officiers doivent bien s'assurer des charretiers, afin qu'ils n'abandonnent pas leurs chevaux, et que le commandant de la brigade les puisse trouver promptement lorsqu'il voudra faire quelque mouvement. On met le reste des munitions du parc derrière le centre de l'infanterie de la première ligne, afin qu'elles soient plus à portée d'être envoyées où elles seront nécessaires, avec un officier d'artillerie et un autre du bataillon, ou un sergent et 20 ou 30 hommes pour la garde des charretiers. Les officiers auront une grande attention à ne point embarrasser les troupes.

« Lorsque le commandant de l'artillerie aura bien réglé toutes ces choses, afin que les mouvements se puissent faire sans embarras, il fera défiler les brigades devant lui pour aller prendre leurs postes ; il examine encore si rien ne leur manque, et leur marque le chemin qu'elles doivent prendre pour aller gagner les unes la droite, les autres le centre, et d'autres la gauche. Il marche ensuite lui-même, et commençant par la droite, il poste les brigades à 100 pas tout au plus de l'infanterie de la première ligne.

« On leur fait occuper le plus possible toutes les hauteurs et les éminences qui s'y trouvent, et surtout celles qui seront sur la droite et sur la gauche. Le commandant de l'artillerie, s'il juge les batteries exposées, en avertit les officiers généraux qui commandent du côté où elles sont, afin qu'ils pourvoient à leur sûreté.

« Sitôt qu'il a posté une brigade, et que les ennemis se trouvent à portée d'en recevoir du dommage, il ordonne aux officiers de tirer, ce qu'ils doivent faire avec beaucoup d'activité... On s'applique à faire tirer le plus fréquemment qu'il sera possible sur les troupes ennemies, à mesure qu'elles s'approcheront pour combattre ; et quand elles sont assez près pour que les cartouches puissent porter jusqu'à elles, les brigadiers en font charger toutes leurs pièces, et prennent cependant leur temps, de manière qu'ils ne se mettent pas en danger de se trouver obligés de les abandonner, ce qui arriverait s'ils laissaient approcher les ennemis de trop près. C'est pourquoi, lorsqu'on voit que les troupes sont à portée d'en venir aux mains, on fait retirer les brigades dans les intervalles des bataillons de la première ligne, et pour lors on tâche de faire une salve de toutes les brigades sur les troupes ennemies, et principalement sur la cavalerie, afin que le dérangement et l'ouverture qu'y fera le canon, chargé à cartouches, puisse donner lieu à ceux de son parti d'y entrer aisément et de les combattre avec avantage. Il est certain que, si toutes les salves d'artillerie étaient faites aussi à propos que je viens de le dire, il est sûr, dis-je, que ce corps contribuerait extrêmement au gain d'une bataille ; mais aussitôt que cette décharge sera faite, les brigades doivent se retirer au grand trot et aller se poster dans les intervalles des troupes de la seconde ligne, dans l'ordre que le commandant aura marqué, et toutes les munitions passeront derrière.

« Mais lorsque ce sera l'armée qui aura dessein de marcher aux ennemis, alors, dès le moment qu'elle voudra le faire, les brigades d'artillerie, qui sont à la tête des bataillons ou des escadrons, doivent se poster dans les intervalles de la première ligne et marcher sur le même front, les officiers à cheval étant à la tête : elles font en sorte de le faire à la hauteur des étendards ou des drapeaux. Toutes les pièces de canon doivent être chargées pour lors à cartouches, afin que lorsqu'elles seront assez près de l'ennemi, elles s'arrêtent et fassent une décharge générale, chacune en particulier de son côté. Si les officiers généraux avec lesquels on doit concerter cette manœuvre prennent bien ce temps pour charger les ennemis, ils seront presque assurés de les battre, par le désordre que de pareilles décharges mettent dans les bataillons ou dans les escadrons ; mais ces sortes de décharges, pour qu'elles fassent un bon effet, ne doivent se faire qu'à la demi-portée du mousquet.

« Si les ennemis étaient battus, de manière qu'ils fussent contraints de se retirer et d'abandonner le champ de bataille, les brigades doivent accompagner les troupes qui les poursuivent, du moins en partie, parce que souvent on a besoin de canon pour les chasser de certains postes qu'ils auraient occupés pour favoriser leur retraite. On a reconnu très souvent que, faute de ce secours, quelques actions n'ont pas été si complètes qu'elles le pouvaient être(1). »

A ces indications dont il reproduit une partie, le capitaine Colin, dans son étude sur *l'Armée au printemps de 1744*, ajoute :

« Bardet de Villeneuve ne parle pas ici des batteries de gros calibre disposées parfois en dehors des lignes d'infanterie, et qui doivent rester immobiles pendant la bataille. Il semble cependant que l'emploi de pareilles batteries fut systématique à l'époque de Vallière et de Du Brocard. Elles étaient formées avec des pièces de gros calibres, placées en dehors d'une des ailes de l'armée, sur une position un peu dominante, et devaient prendre d'écharpe ou d'enfilade les lignes ennemies en utilisant toute la portée que les pièces permettaient d'obtenir, soit 1 600 à 1 800 mètres. On plaçait des batteries de ce genre au delà d'un cours d'eau,

1. Bardet de Villeneuve, *loc. cit.*, p. 57, sqq.

comme à Dettingen et Fontenoy, pour les mettre à l'abri d'une attaque[1]. »

Le mémoire manuscrit suivant, qui se trouve dans les archives de l'artillerie, et qui est cité aussi par le capitaine Colin, présente des idées non moins intéressantes.

Il y a un grand avantage qui semble déterminer de tirer par préférence sur les troupes, par la raison que la retraite de l'infanterie ennemie entraîne toujours celle de leurs batteries au lieu que celle de leurs batteries n'entraîne pas toujours celle des troupes ; cette règle cependant ne peut pas être générale, et il y a des cas à la guerre où l'on doit avoir pour objet de tirer contre les batteries ; par exemple, votre infanterie va attaquer un village retranché qui est défendu par de bonnes batteries qui battent tous les endroits où l'on peut former des attaques ; dans ce cas-là, il est nécessaire aussi d'avoir des batteries qui en imposent à celles de l'ennemi pour tâcher de ralentir son feu, sans quoi votre infanterie, canonnée vivement, souffrirait beaucoup et se trouverait en désordre dans le moment de l'attaque.

A ne suivre que le premier coup d'œil, il semble qu'il est plus avantageux de placer les batteries sur les hauteurs ; mais pour peu qu'on fasse réflexion, on en voit le désavantage ; car si les coups ne portent pas précisément sur la troupe, le boulet ira au delà ou en deçà, et dans le premier cas il dépassera de volée l'infanterie, et dans le second il fera un ricochet, ce qui rendra le coup très incertain, au lieu que si la batterie est placée dans une plaine, il est rare que les coups soient perdus, parce que le feu rasant est le plus meurtrier.

Il y a cependant des cas particuliers où l'on doit placer les batteries sur les hauteurs, et c'est lorsqu'on est inférieur en artillerie. Il n'est pas douteux que le canon placé ainsi résistera plus longtemps à celui de l'ennemi, et qu'avec un tiers de pièces de moins, placées sur les hauteurs, on tiendra tête à l'ennemi dont le canon serait dans la plaine, ce qu'on n'aurait pu faire si l'on n'avait pas placé l'artillerie sur des élévations.

Lorsqu'une batterie est battue en rouage et qu'on ne peut pas quitter sa position, on est dans l'usage d'en séparer quelques pièces, qu'on transporte sur la droite ou sur la gauche de la batterie pour tirer de front sur celle qui bat en rouage ; mais il est bien plus avantageux en pareil cas de placer hors de l'alignement de sa batterie les pièces qu'on destine pour battre de front celles qui battent en rouage ; car par là on ôtera à l'ennemi l'avantage de tirer deux batteries à la fois.

L'artillerie peut jouer un grand rôle dans la défense d'un poste ou

1. Colin, *loc. cit.*, p. 110.

d'un village, si l'on a soin de la placer en sorte que son feu se croise devant le front qui est attaqué et sur les débouchés par où les colonnes peuvent pénétrer. Je trouve un grand inconvénient de placer du canon dans les vergers qui sont autour du village, parce que cela attire trop le feu de l'artillerie ennemie sur l'infanterie qui défend le poste, et comme les troupes sont rangées sur plusieurs lignes et dans un espace qui, souvent, n'est pas fort grand, le canon des ennemis y fait un grand fracas; il faut, au contraire, attirer le feu de leurs batteries en dehors du poste attaqué, et, pour cela, il faut placer votre canon sur les flancs du village, au delà des troupes; vous aurez par là le double avantage de protéger la retraite de votre infanterie et d'en faciliter le ralliement pour rechasser l'ennemi du poste qu'il aurait pu prendre : en un mot, lorsque vous placez l'artillerie pour défendre un poste, dans le poste même, vous donnez la facilité à l'ennemi de battre vos troupes et vos batteries, au lieu qu'en plaçant le canon en dehors du poste, il a deux objets à battre.

L'artillerie facilite beaucoup le succès de l'attaque d'un poste, car elle rompt tous les obstacles qui pourraient arrêter les troupes : c'est dans ce cas-là où les batteries doivent avoir deux objets : le premier, de tirer vivement contre l'infanterie qui défend le poste, et le second de tirer contre les batteries ennemies pour leur en imposer et ralentir leur feu, sans quoi votre infanterie en attaquant pourrait être rompue par le canon ennemi.

Il ne suffit pas de battre le poste par son front; il faut tâcher plus que jamais de battre en flanc les bataillons qui se défendent; car comme les troupes sont obligées de tenir ferme pour résister à l'attaque de l'infanterie, on aura le temps de faire un grand ravage parmi celles de l'ennemi.

Si pendant qu'on se dispose à attaquer le poste, l'ennemi canonne vivement vos batteries, c'est une raison pour vous de diriger votre canon sur son infanterie : car dans ce cas-là, il ne tire à vos batteries que pour vous engager à tirer sur les siennes et non pas sur ses troupes, et à la guerre il faut toujours faire le contraire de ce que votre ennemi désire.

C'est d'après les principes que nous venons de voir que fut réglé l'emploi de l'artillerie pendant les campagnes du milieu du dix-huitième siècle. Malheureusement il n'existe pas dans les archives de l'artillerie, en dehors des états fixant la composition des équipages et des parcs, de documents permettant d'étudier d'une façon particulière le rôle de l'artillerie sur les divers champs de bataille, et seule, l'étude, encore incomplète, des guerres du règne de Louis XV pourra donner à ce sujet des indications plus précises. Nous nous contenterons de jeter un rapide coup d'œil sur quelques-unes des campagnes de cette époque.

La campagne de 1741 démontra d'une manière concluante la difficulté de traîner et de manœuvrer des pièces d'artillerie aussi lourdes que les canons de 24. L'artillerie du maréchal de Belle-Isle se composait de huit pièces de 24 et de trente pièces de 4 à la suédoise. Malgré la précaution de M. de Bailly de faire marcher la compagnie des mineurs de Turmel avec des paysans vingt-quatre heures en avant de la colonne, les lourdes pièces de 24 eurent quelque peine à franchir les étroits défilés de la Forêt-Noire. La fourniture des chevaux avait heureusement été assurée par un entrepreneur consciencieux, et, malgré toutes les difficultés, les canons purent suivre l'infanterie.

L'artillerie avait d'abord été placée *à la queue de tous les équipages :* à la suite des représentations des officiers d'artillerie elle fut placée immédiatement après les bagages du quartier général [1]. Les pièces de 24 furent dirigées sur Ingolstadt où elles restèrent pendant toute la campagne de 1741 et celle de 1742.

Au siège de Prague le maréchal de Belle-Isle ne disposa que de pièces à la suédoise. « Pendant l'attaque, écrivait Du Brocard, j'ai fait tirer plus de six cents coups de canon de nos pièces de campagne toutes à découvert, et de si près, que quatre pièces que commandait M. de Vallière n'étaient qu'à 50 ou 60 toises d'un bastion, et à 70 d'une porte de la ville ; nous n'avons eu qu'un canonnier blessé [2]. »

La bataille de Fontenoy (1745) fournit un exemple de l'emploi de l'artillerie sur le champ de bataille dans la défensive. La bataille de Rocoux (1746) montrera l'année suivante le rôle de plus en plus important de cette arme dans la bataille et plus particulièrement dans l'offensive.

Bataille de Fontenoy (11 mai 1745). — Le maréchal de Saxe était occupé à faire le siège de Tournai et allait commencer le tir en brèche de cette place, lorsqu'il apprit que l'armée des alliés

1. Du Brocard à de Breteuil, Ellmendingen, 24 août 1741 (A. H. G., vol. 2912).
2. Du Brocard à de Breteuil, 17 novembre 1741 (Archives de l'artillerie, 3-b-159).

s'avançait au secours de la ville. Le maréchal, qui avait prévu cette éventualité, et qui depuis plusieurs jours déjà avait reconnu lui-même et fait reconnaître en détail par ses officiers la position d'Anthoing-Fontenoy, laissa devant Tournai quelques bataillons de milices et une dizaine de mille hommes de son armée, et vint occuper avec le reste une position étroite entre l'Escaut et le bois de Barry.

De nombreux travailleurs fortifièrent rapidement Fontenoy et Anthoing. Trois redoutes furent construites entre ces deux villes, et deux autres à la lisière du bois de Barry.

Nous avons déjà vu que le parc de campagne de l'armée du maréchal de Saxe comprenait au début de la campagne cent pièces de divers calibres, dont cinquante à la suédoise [1]. L'ordre de bataille donne, pour ce jour-là, le chiffre de soixante pièces seulement. D'Argenson fit, il est vrai, appeler le reste du parc dans la matinée du 11, mais comme une vingtaine de pièces avaient été établies à demeure dans les retranchements de Rumignies et les têtes du pont de l'Escaut, il est peu probable que le chiffre des pièces ait dépassé soixante-dix à quatre-vingts. Elles furent réparties de la façon suivante : 6 pièces de canon à la lisière d'Anthoing ; 4 pièces à l'est de cette ville ; 6 réparties par groupes de deux sur trois faces de Fontenoy et 2 batteries de 6 pièces de part et d'autre de ce village.

Une batterie de six gros canons se trouvait au moulin de Calonne, sur la rive gauche de l'Escaut, flanquant la lisière d'Anthoing. En réalité, cette batterie, qui n'avait été envoyée là ni par le maréchal ni par Du Brocard, avait une autre destination : mais les canonniers mirent d'eux-mêmes leurs pièces en batterie au début du combat et leur tir produisit un excellent effet.

Le reste de l'artillerie fut réparti le long du front, à l'exception d'une douzaine de pièces qui furent maintenues entre les deux lignes d'infanterie pour être employées suivant les circonstances. Le combat commença à 5 heures du matin par une violente canonnade. L'attaque des Hollandais sur le front Anthoing-Fontenoy fut menée avec mollesse et facilement arrêtée par le feu du canon d'Anthoing et celui de la rive gauche de l'Escaut.

---

1. Voir *supra*, p. 64.

Les Anglais s'avancèrent avec le plus grand ordre ; nos pièces à la suédoise durent cesser leur feu et même reculer. Du Brocard établit alors une batterie de six pièces longues au nord de Fontenoy. « Cette batterie tua beaucoup de monde à l'ennemi, qu'elle prenait en flanc, mais elle attira aussi un feu très vif des batteries qui faisaient face à la redoute et dont les ennemis changèrent de direction (1). » Du Brocard, se rendant à cette batterie pour lui faire exécuter un mouvement, fut frappé à mort par un boulet ennemi.

Il était 10 heures. Le duc de Cumberland se décide à concentrer ses efforts sur la gauche de l'armée française. Il se porte en avant sur deux lignes et débouche tout à coup à 50 pas en face de l'infanterie française dissimulée derrière un chemin creux. C'est à ce moment que se place l'épisode qui donna tant de popularité à cette bataille. Après la décharge des Anglais, les régiments français, pris de panique, se replièrent rapidement. Le feu violent partant des batteries de Fontenoy et des redoutes des bois arrêta heureusement les progrès des Anglais et les força même à reculer. Ceux-ci, rapidement reformés, revinrent occuper la position, mais un feu terrible dirigé sur leurs deux ailes les obligea à former au centre de la ligne une sorte de formidable carré qui, ne se trouvant d'ailleurs plus en état de manœuvrer, resta longtemps immobile. Des charges de cavalerie furent en vain lancées sur cette masse pour l'ébranler : elles furent toutes repoussées avec de grandes pertes par le feu violent des Anglais.

Le maréchal de Saxe, tenant bon contre la foule de courtisans qui entourait le roi et conseillait la retraite, résolut de tenter un dernier effort avec les régiments disponibles et ceux qui n'avaient pas encore donné. Quatre pièces d'artillerie à la suédoise, heureusement trouvées à portée, furent amenées en position et concentrèrent leur feu sur l'angle droit du carré, sur lequel elles tirèrent sept coups seulement. Le résultat le plus efficace de cette intervention fut d'attirer sur cette batterie le tir de toutes les batteries anglaises, et de détourner ainsi l'attention de l'ennemi. A la faveur de cette diversion, les troupes préparées par le maré-

1. *Revue d'histoire*, « Campagne de 1745 », mars 1905, p. 467.

chal de Saxe pour cette charge finale se lancèrent avec la plus grande ardeur sur la colonne anglaise qu'elles rompirent et dispersèrent. Nous avions eu 7 à 8 000 blessés et tués.

Cette bataille avait permis de constater l'insuffisance des canons à la suédoise, dont on vit dès lors diminuer le nombre dans les armées, ainsi que l'immobilité à peu près absolue de l'artillerie sur ses positions du début. On ne peut en effet appeler manœuvre la mise en action au moment décisif de quatre pièces de canon, trouvées là par hasard, et qui furent d'ailleurs utilisées avec à-propos.

Bataille de Rocoux (1746). — L'artillerie, que nous avons vue immobile dans la défensive, va se révéler plus manœuvrière dans l'offensive, l'année suivante, à la bataille de Rocoux.

L'armée alliée, après avoir passé la Meuse, avait pris position sur la rive gauche, où elle occupait une position des plus solides. La droite et le centre de la ligne étaient couverts par des ravins, la gauche occupait un terrain accidenté, coupé de haies et de villages. Plusieurs retranchements venaient encore augmenter la solidité de la position.

L'infanterie française marcha sur six colonnes *précédées chacune par quelques pièces d'artillerie.* Le reste de l'artillerie formait une colonne spéciale sur la grand'route. Les six colonnes, qui marchaient à la même hauteur, furent retardées par un orage et ne débouchèrent en face de l'ennemi qu'à midi.

Le maréchal de Saxe fit d'abord attaquer le village d'Ance où se trouvait l'extrême gauche de l'ennemi. Trente-six pièces de canon partagées en plusieurs batteries ouvrirent le feu et ne tardèrent pas à réduire au silence une batterie de huit canons et deux obusiers. Nos pièces avaient à peine fait quatre décharges que l'infanterie se portait en avant et s'emparait des pièces d'artillerie établies en avant de cette localité. On fit alors avancer les pièces de gros calibres pour préparer l'attaque de l'infanterie sur le village, qui ne fut emporté qu'après un combat meurtrier.

Pendant ce temps, le reste de l'artillerie canonnait les villages de Liers de Varoux et de Rocoux, et réussissait même, à elle seule, à faire évacuer le village de Liers. Le maréchal de Saxe donnait l'ordre d'enlever tous ces villages, pour couper la retraite à l'ennemi, mais celui-ci eut le temps de se retirer, non sans abandonner entre les mains des Français près de quarante pièces de canon et de soixante chariots.

Un bataillon anglais, protégé par un ravin très profond, se forma en carré pour protéger la retraite. Le maréchal fit diriger contre lui le feu de huit pièces de 16 et le bataillon, bientôt rompu, gagna précipitamment le pont de Viret.

L'étude des diverses phases de ce combat montre l'artillerie, répartie en plusieurs batteries, s'approchant à bonne portée, concentrant son feu d'abord sur les batteries de l'ennemi, puis sur les villages. Ses effets eussent certainement été plus considérables, si les troupes d'infanterie, impatientées par la lenteur de son tir, ne fussent venues, en brusquant leur attaque, se porter en avant et l'empêcher de continuer à tirer plus longtemps. Cette faute de tactique provenait du peu de confiance en l'artillerie qu'avaient les généraux d'infanterie à cette époque. Ceux-ci, en effet, ignoraient toutes les propriétés du canon, et le jugèrent souvent presque aussi embarrassant qu'utile. La période qui allait suivre, consacrée aux études et aux discussions, allait voir tomber tous ces préjugés.

§ 4 — Répercussion des réformes de Gribeauval, sur l'emploi de l'artillerie en campagne

Gribeauval, en allégeant le matériel d'artillerie, n'avait donné à ses pièces ni moins de portée ni moins de justesse; le but de sa transformation avait été de doter la France d'un matériel plus mobile et par suite plus puissant. Sa faculté de mouvoir des pièces de 12 sur les champs de bataille allait amener une révolution dans l'emploi de l'artillerie en campagne, l'action de cette dernière devant être désormais étroitement liée à celle de l'infanterie. Le canon ne pouvait en effet se passer du soutien de cette dernière, et celle-ci à son tour, se trouvant soumise entre 450 et 150 toises à un feu violent et de plus en plus précis de l'artillerie adverse sans pouvoir riposter, avait besoin pour pouvoir progresser de l'appui de l'artillerie.

Jusqu'alors, on s'était peu occupé dans les écoles d'artillerie de l'instruction tactique des officiers du Corps-Royal. Gribeauval fit faire désormais aux élèves officiers des conférences sur le service de l'artillerie en campagne et sur *la tactique de l'infanterie.*

Cependant, si de nombreux opuscules ont paru à cette époque, discutant avec passion les avantages ou les inconvénients du nouveau matériel, peu d'écrivains militaires se sont préoccupés de la transformation, que l'adoption du nouveau matériel allait amener dans l'emploi de l'artillerie en campagne : aucun d'ailleurs ne la vit clairement.

C'est dans Guibert que les futurs généraux de la Révolution puisèrent leurs premiers principes de tactique générale, mais c'est dans l'opuscule du chevalier du Teil [1] que l'on doit aller chercher la doctrine des officiers du Corps-Royal après la création du nouveau matériel. Il ne faut cependant pas croire que ces idées furent adoptées facilement par tous, et les mêmes qui défendirent avec opiniâtreté le matériel Vallière discutèrent avec passion les nouvelles théories.

a) L'ARTILLERIE PENDANT LES MARCHES

Le projet de règlement sur le service de l'infanterie en campagne de 1778 prévoyait le fractionnement de l'armée en six colonnes dont les colonnes des deux ailes étaient formées par la cavalerie [2]. L'emplacement de l'artillerie dans les colonnes était déterminé de la façon suivante :

« L'artillerie de parc de l'armée sera divisée en six divisions.

1. Jean-Pierre du Teil, né en 1722, volontaire au Corps-Royal en 1731, cadet en 1733, sous-lieutenant en 1735, lieutenant en 1743, capitaine en 1748, chef de brigade en 1765, lieutenant-colonel en 1766, colonel en 1777, commandant l'école d'artillerie d'Auxonne en 1779, brigadier en 1780, maréchal de camp en 1784, inspecteur général d'artillerie à l'armée des Alpes en 1793, condamné à mort par la commission militaire de Lyon et exécuté en 1794.

2. Le règlement de 1788 ne fixe plus le nombre des colonnes : « L'armée sera partagée en un nombre de divisions d'infanterie et de cavalerie proportionné à la quantité des troupes de chaque arme. »

La première sera de six pièces de 12 et de six pièces de 8 : elle sera appelée *division d'artillerie d'avant-garde* et sera destinée à marcher avec les bataillons de grenadiers et de chasseurs toutes les fois qu'ils s'assembleront.

« Cette division d'artillerie parquera en avant du centre de l'infanterie de première ligne et marchera toujours avec les campements.

« Il sera formé quatre autres divisions d'artillerie du quart des pièces d'artillerie et des chariots de munitions qui composent l'artillerie de l'armée. Chacune de ces divisions sera attachée à une division d'infanterie et parquée avec elle dans le lieu qui lui sera marqué, soit à la tête, soit entre les deux lignes. Elle marchera *à la suite* de la division d'infanterie dans la même colonne [1]. Elle se nommera *première, deuxième, troisième, quatrième division d'artillerie,* suivant le numéro de la division d'infanterie à laquelle elle sera attachée.

« Outre les munitions des pièces de parc, chaque division d'artillerie aura avec elle les munitions nécessaires pour le canon de régiment, ainsi que des cartouches à fusil, proportionnellement au nombre des troupes qui composeront les divisions auxquelles elles seront attachées; on y joindra aussi des chariots d'outils et des effets de rechange.

« Le gros parc formera la sixième division d'artillerie; il lui sera marqué le terrain où il devra se placer, et on lui indiquera la colonne avec laquelle il devra marcher.

« Lorsque le général jugera à propos de former des avant-gardes ou des corps détachés, on formera pour eux une division d'artillerie proportionnée à leurs forces.

« Les divisions d'artillerie attachées aux quatre divisions d'infanterie marcheront toujours à la suite de l'infanterie de la division dont elles seront.

« Le gros parc de l'artillerie marchera toujours avec la colonne qui sera le meilleure et après les menus et gros équipages de cette colonne.

« La division d'artillerie d'avant-garde marchera ordinairement

---

1. Cette prescription est reproduite dans le règlement de 1788.

après les bataillons de grenadiers de la seconde division d'infanterie. »

Cette organisation ne s'adressait naturellement qu'aux pièces formant l'artillerie de l'armée. Les deux canons de bataillon faisaient corps avec celui-ci et marchaient immédiatement après la première compagnie.

Guibert, en étudiant la disposition de l'artillerie dans ses ordres de marches, développait ces instructions, mais au lieu de reléguer, dans chaque division d'infanterie, l'artillerie à la queue de la colonne, il recommandait de placer une ou deux batteries *derrière le premier bataillon de grenadiers de chaque colonne*. Il disait à ce sujet :

« Les mêmes raisons qui m'ont fait soutenir le système du partage de l'armée en plusieurs divisions exigent que l'artillerie soit divisée dans la même proportion. Si l'infanterie de l'armée forme trois ou quatre divisions, l'artillerie formera de même trois ou quatre divisions d'égale force, dont chacune sera attachée à une division d'infanterie, pour camper, marcher et combattre avec elle. Indépendamment de cela, il y aura une autre division appelée division de réserve, composée de gros calibres et d'obusiers. De celle-là, qui marchera à la tête du parc, seront tirés les renforts qu'on voudra porter sur un point, les détachements qui seront nécessaires, l'artillerie que, suivant mon opinion, on devra quelquefois employer à l'appui de la cavalerie, et pour cela faire marcher avec elle. Enfin, il y aura une autre petite division composée de deux, quatre, ou au plus six pièces de gros calibre : cette division sera appelée division d'avant-garde, campera en avant de l'armée et marchera avec l'avant-garde. Je la forme de pièces de gros calibre, parce que c'est de l'avant-garde que doivent être faits les signaux qui régleront les mouvements de l'armée; et parce que, si cette avant-garde trouve sur son chemin quelque poste retranché, il lui faut du gros calibre pour le battre et l'emporter. Je ne parle ici que de l'artillerie du parc; car, pour celle des régiments, si l'on continue de leur en donner, elle campe et marche avec eux, ainsi elle est tout naturellement divisée.

« Cette grande division de l'artillerie est indépendante des subdivisions intérieures qu'on doit y former, de manière, par exemple, que chaque subdivision soit composée de six pièces du même calibre, et que chaque division le soit d'un nombre égal de subdivisions composées de calibres différents.

« C'est la nature et l'objet de la marche qui doivent déterminer l'ordre dans lequel l'artillerie doit marcher. Ainsi il faut se rappeler à ce sujet les distinctions que j'ai posées entre marches de route et marches-manœuvres, marches de front et marches de flanc, puisque, relativement à chacune de ces sortes de marches, l'artillerie doit observer un ordre différent.

« S'il s'agit d'une marche de route, comme son but unique est la plus grande commodité des troupes, ou la plus grande célérité possible, comme il n'y est point question d'arriver à un ordre de bataille, et conséquemment d'avoir de l'artillerie à portée de le protéger, l'artillerie marchera tout simplement à la queue des troupes, afin de ne pas les retarder dans leur marche et de ne pas gâter les chemins; c'est-à-dire que, si l'espèce des débouchés le permet, chaque division marchera à la suite de la division d'infanterie à laquelle elle est attachée; et que, si elle ne le permet pas, on mettra l'artillerie à telle colonne que l'on jugera à propos. Dans les deux cas, la division de réserve et le gros parc marcheront à la colonne dont le débouché sera le meilleur et le plus facile.

« S'il s'agit d'une marche-manœuvre, et par conséquent d'une marche faite à portée de l'ennemi, et avec le but de prendre un ordre de bataille, il faut que l'artillerie soit disposée de manière à ne gêner les troupes et à ne ralentir la marche que le moins qu'il sera possible, et en même temps à pouvoir entrer dans la combinaison de l'ordre de bataille, à protéger son exécution. D'après cela, on doit voir si la marche est de front ou de flanc, et faire ses dispositions en conséquence.

« Si la marche est de front, voici comment marcheront les divisions d'artillerie.

« A la tête de chaque colonne, et précédées seulement d'un bataillon de grenadiers, seront placées une ou deux subdivisions de gros calibre, débarrassées de toutes leurs voitures d'attirails, et ayant une vingtaine de coups par pièce pour commencer le combat. Le reste de chaque division d'artillerie suivra la division d'infanterie à laquelle elle est attachée, de manière que le canon soit immédiatement à la queue des troupes et que toutes les voitures d'attirails et de munitions soient derrière lui. Par le moyen de cette disposition, on aura à la tête des colonnes l'artillerie nécessaire pour protéger le déploiement : les troupes, n'étant point embarrassées, se mettront rapidement en bataille, et l'on disposera ensuite, ainsi que l'on voudra, du reste de l'artillerie, soit en la faisant arriver à l'appui de celle qui sera déjà postée, soit en lui faisant prendre des emplacements collatéraux à la disposition des troupes, soit enfin en la laissant derrière les lignes, si l'on veut entrer sur-le-champ en action décidée, et pour cela ne pas embarrasser le front. L'artillerie de réserve marchera derrière les colonnes du centre : elle sera toujours renforcée d'attelages, afin de pouvoir, à toutes jambes, se porter aux points de l'ordre de bataille où elle sera jugée nécessaire.

« Voilà, dans les marches-manœuvres de front, quelle sera la disposition habituelle, mais les circonstances pourront y occasionner différents changements. Quelquefois, par exemple, les points d'attaque étant connus à l'avance, on saura que telle colonne doit s'emparer d'un village ou d'un retranchement qu'il sera nécessaire de battre auparavant par un grand feu d'artillerie ; alors on mettra à la tête de cette colonne un plus grand nombre de subdivisions et toutes de gros calibres. Quelquefois on voudra appuyer et soutenir une aile de cavalerie : l'on joindra en conséquence à la colonne qui doit la former une ou plusieurs subdivisions de bouches à feu et particulièrement d'obusiers ; cette artillerie, pourvue de vingt coups par pièce, marchera à la tête de la colonne, couverte par quelques escadrons, et ses voitures de munitions marcheront à la queue.....

« Il reste ensuite toutes les dispositions intérieures qu'il sera à propos de faire dans les divisions d'artillerie, lorsque, marchant pour attaquer l'ennemi, l'on aura connaissance des parties de l'ordre de bataille avec lesquelles on veut faire effort, et de celles qu'on veut lui refuser. Ces dispositions auront pour but de renforcer d'attelages l'artillerie des colonnes destinées à agir, de mettre dans les divisions d'artillerie de ces colonnes plus de pièces de petit calibre et d'attacher les calibres les plus forts aux colonnes qui doivent former les parties de la disposition les plus éloignées de l'ennemi, et où, par conséquent, les plus longues portées seraient le plus nécessaires.....

« Je dois maintenant parler des marches de flanc. Si elles ne sont pas faites dans des circonstances qui fassent craindre que l'ennemi, longeant une parallèle à la direction du mouvement de l'armée, ne cherche à l'attaquer pendant sa marche, l'artillerie pourra marcher à la queue des troupes de chaque colonne, ou par une colonne séparée sur le flanc intérieur de l'ordre de marche. Si l'on peut craindre d'être attaqué par l'ennemi, chaque division d'artillerie marchera à la tête et à la queue des troupes de chaque division de troupes, n'ayant toutefois lesdites divisions d'artillerie avec elles que les caissons de munitions nécessaires pour le premier moment, et tout le reste marchant, ainsi qu'il est dit ci-dessus, par une colonne séparée en dedans de l'ordre de marche [1]. »

Dans chaque division d'artillerie, Guibert recommandait de faire marcher séparément les canons et les voitures d'attirail et de munitions. Les caissons et les voitures d'outils des pièces envoyées en tête des colonnes devaient marcher en queue de la division d'infanterie.

Les pièces marchaient habituellement en file, mais, à proximité de l'ennemi, afin de diminuer la profondeur de la colonne, elles pouvaient marcher par deux, trois ou quatre pièces de front.

Les troupes destinées au service des pièces marchaient avec leurs pièces lorsqu'on était à proximité de l'ennemi; mais, pendant les marches ordinaires, elles étaient réparties en trois pelotons dans chaque division : l'un marchant avec les canons, le deuxième avant les voitures, le troisième après celles-ci.

b) L'ARTILLERIE SUR LE CHAMP DE BATAILLE

« L'artillerie est aux troupes ce que sont les flancs aux ouvrages de fortifications, disait Guibert. Elle est faite pour les appuyer,

1. GUIBERT, *Essai général de tactique*, t. II, p. 57.

pour les soutenir, pour prendre des revers et des prolongements sur les lignes qu'elles occupent. Elle doit, dans un ordre de bataille, occuper les saillants, les points qui font contrefort, les parties faibles, ou par le nombre, ou par l'espèce des troupes, ou par la nature du terrain. Elle doit éloigner l'ennemi, le tenir en échec, l'empêcher de déboucher. L'artillerie bien employée, relativement à ces deux objets, est un *accessoire* utile et un moyen de plus pour l'homme de génie : donc la tactique de l'artillerie doit être analogue à celle des troupes.

« Le canon, considéré dans son effet individuel et pointé vers un objet isolé et présentant peu de surface, est une machine peu ou point du tout redoutable. Mais ce n'est point ainsi qu'on l'emploie dans les combats. Il n'y est pas question d'un point unique, ce sont des lignes, des masses de troupes : là, si l'on entend l'usage de l'artillerie, on forme de grosses batteries, on bat non des points déterminés, mais des espaces, des débouchés ; on fait usage du ricochet ; on prend des prolongements ; on s'attache uniquement à porter ses mobiles dans le plan vertical de l'ordonnance ennemie, on remplit, non le petit objet de démonter un canon ou de tuer quelques hommes, mais *le grand objet, l'objet décisif, qui doit être de couvrir, de traverser de feux, le terrain qu'occupe l'ennemi et celui par lequel l'ennemi voudrait s'avancer.*

« Les manœuvres de l'artillerie tiennent à celles des troupes, elles doivent en dériver. Les troupes et l'artillerie étant unies ensemble par une protection réciproque, il faut que, pour tirer le parti le plus utile des machines qui sont sous sa conduite *l'officier d'artillerie connaisse la tactique des troupes et réciproquement* (1). »

Il semblerait aujourd'hui superflu d'indiquer à des officiers supérieurs et généraux, appelés à commander de l'artillerie sur le champ de bataille, la nécessité d'étudier tout au moins les propriétés balistiques de cette arme, afin de pouvoir utiliser toute sa puissance pour battre les formations de l'adversaire. Cette recommandation n'était cependant pas inutile à une époque où, dans un traité de tactique générale, l'auteur avouait que « quant aux

1. Guibert, *loc. cit.*, t. I, p. 380.

manœuvres de l'artillerie, c'est ce qui forme la science des officiers de ce corps, et *c'est un objet particulier qui n'est pas de mon ressort* » (1).

Arrivé à proximité du champ de bataille, l'officier d'artillerie « chef de la division », faisant défiler sa division devant lui, en passait une dernière inspection. Quand la queue arrivait à sa hauteur, il prenait le trot avec le conducteur du charroi, allait rejoindre le général commandant la fraction d'infanterie à laquelle il appartenait et, de concert avec lui, fixait l'emplacement des pièces pour le début du combat. L'officier d'artillerie devait alors « examiner tous les débouchés, les irrégularités du terrain qui pourraient couvrir l'ennemi ou lui permettre de cheminer à l'abri de son feu, reconnaître en même temps de nouveaux emplacements sur toutes les directions possibles et chercher les moyens d'y communiquer sans être aperçu de l'ennemi » (2).

L'emplacement des batteries était déterminé par deux considérations principales : 1° battre l'ennemi par un tir en écharpe; 2° mettre entre les pièces un intervalle suffisant pour ne pas offrir un but appréciable au tir des batteries ennemies.

Depuis les dernières campagnes, en effet, toutes les troupes en Europe avaient adopté l'ordre mince : l'infanterie sur trois rangs, la cavalerie sur deux. L'artillerie, ne pouvant suffisamment compter sur l'exactitude de son pointage en portée pour atteindre la ligne adverse, était obligée de rechercher l'effet des ricochets, d'où la nécessité pour elle, d'une part, de trouver une position lui facilitant le tir en écharpe, d'autre part, d'éviter les hauteurs dominantes qui l'empêcheraient d'obtenir une plus grande rasance, et en même temps un plus grand nombre de ricochets.

On cherchait aussi à établir les batteries de façon à leur permettre de croiser leurs feux; on évitait toute position dont les abords (haies, fossés, etc.) auraient pu gêner les mouvements ultérieurs, et on choisissait des endroits aussi abrités que possible. Enfin, on ne disposait plus les pièces en avant du front.

« On doit, dit Guibert, autant qu'il est possible, éviter de placer

---

1. Boisroger, *Éléments de la guerre*, p. 44.
2. Du Teil, *De l'usage de l'artillerie nouvelle*, p. 41.

les batteries devant ses propres troupes ou sur de médiocres élévations qui soient derrière elles : c'est offrir à l'ennemi deux objets à la fois à battre ; c'est attirer son feu sur les troupes, c'est gêner leurs mouvements si l'on est en avant d'elles ; c'est les inquiéter et s'exposer à leur faire du mal par quelques coups malheureux si on est placé en arrière d'elles. En un mot, quand les dispositions de terrain ne permettent pas de choisir d'autres emplacements, *il vaut mieux doubler les troupes les unes derrière les autres et laisser des intervalles pour l'artillerie* que de tomber dans l'inconvénient de les masquer par le canon, ou de les soumettre à des batteries trop peu élevées [1]. »

Le cours professé à l'école d'artillerie d'Auxonne en 1767 recommandait encore la répartition à peu près uniforme des pièces sur toute la ligne. Considérant, cependant, qu'une compagnie du Corps-Royal suffisait pour servir les huit canons d'une brigade d'infanterie (quatre bataillons), on chargeait de la conduite de ces pièces le commandant de cette compagnie, et, par suite, leur emplacement était déterminé, non plus dans le bataillon, mais dans la brigade.

Admettant la proportion de Gribeauval pour la répartition des pièces, et attribuant à cette brigade, comme artillerie de parc, deux pièces de 4, quatre de 8 et deux de 12, d'après l'école d'Auxonne on distribuait en principe les pièces sur le front de la façon suivante [2] :

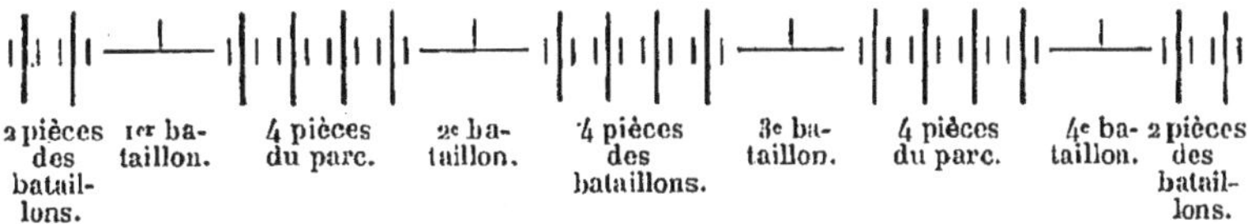

Mais avec Guibert on voit poindre le mode d'emploi des grosses batteries qui allaient illustrer les Drouot et les Sénarmont. « Indépendamment, dit-il, de la protection mutuelle que les batteries doivent tâcher de se donner, *il faut les faire fortes*. Alors elles procurent des effets décisifs, elles font trouée, elles préparent la

1. GUIBERT, *loc. cit.*, p. 388.

2. Archives de l'artillerie, (2b-2c).

victoire. Au contraire la même quantité de pièces dispersée est plus propre à irriter l'ennemi qu'à le détruire : l'objet de l'artillerie enfin ne doit plus être de tuer des hommes sur la totalité du front de l'ennemi; il doit être de renverser, de détruire les parties de ce front, soit vers les points où il peut venir attaquer le plus avantageusement, soit vers ceux où il peut être attaqué avec le plus d'avantage.

« Il ne s'ensuit pas, de la maxime posée ci-dessus, qu'on doive réunir trop d'artillerie dans une seule et même batterie : ce serait tomber dans un autre inconvénient, celui de donner trop de prise à l'ennemi. *Il convient seulement de réunir sur le même objet plusieurs batteries peu distantes l'une de l'autre,* et il faut y joindre l'attention, si le terrain le permet, de ne pas placer ses batteries sur la même ligne, afin que si l'ennemi peut se ménager des prolongements sur elles, ces prolongements ne traversent pas toutes les batteries à la fois[1]. »

L'emplacement choisi pour les batteries devait être suffisamment large pour qu'il y ait entre chaque pièce un intervalle minimum de 10 pas. Les pièces pouvaient ainsi manœuvrer avec plus de facilité; de plus, la batterie offrait moins de prise aux projectiles ennemis.

Dans la défensive, les pièces de gros calibre devaient former de puissantes batteries, placées de façon à prendre d'écharpe les lignes de l'assaillant. Les pièces légères étaient tenues en réserve, prêtes à venir rapidement renforcer les points particulièrement menacés et à prendre position suivant les dispositions de l'ennemi.

Dans l'offensive, « il faudra emplacer les pièces de gros calibre dans les parties de l'ordre de bataille les plus faibles et les plus éloignées de l'ennemi, du côté des fausses attaques, sur les hauteurs qui peuvent empêcher l'ennemi de tenter quelque effort sur elles, sur celles qui peuvent appuyer les flancs de la véritable attaque, et donner des revers éloignés sur le point attaqué. Les portées de ces pièces étant plus longues, elles y feront effet. Leurs mouvements étant plus lourds, elles auront moins à agir, et en cas

1. Guibert, *loc. cit.*, p. 390.

de retraite, comme elles seront hors de prise, elles ne tomberont pas au pouvoir de l'ennemi. Les pièces de petit calibre renforcées de bras et d'attelages se porteront au contraire en avant avec les troupes attaquantes, comme plus susceptibles de seconder les mouvements de ces troupes, de suivre l'ennemi s'il est repoussé, de protéger la retraite, et de se retirer elles-mêmes si l'on est battu (1). »

Guibert recommandait aussi de donner à la cavalerie du canon et surtout des obusiers en renforçant les attelages, le danger de perdre ces pièces disparaissant devant l'effet utile qu'elles étaient appelées à produire dans ce cas.

Lorsque l'officier d'artillerie avait à peu près déterminé l'emplacement de ses pièces, il envoyait le conducteur du charroi chercher la division et pendant ce temps complétait sa reconnaissance du terrain pour fixer l'emplacement des munitions. Il était surtout nécessaire de placer celles-ci à l'abri du feu de l'ennemi. Du Teil recommandait de laisser la plus grande quantité de caissons à couvert en arrière, et en tous cas à distance suffisante de l'infanterie. Deux caissons (ou plus, suivant le nombre des pièces de la batterie), placés sur le flanc des pièces, devaient suffire à la consommation.

Lorsqu'il n'y avait pas en arrière d'abri pour les caissons à munitions, ceux-ci se formaient sur deux files, en arrière chacune des pièces de droite et de gauche, avec une distance de trente pas entre chaque caisson. Les caissons de tête ravitaillaient les premiers la batterie, puis passaient derrière les autres, ou allaient chercher des munitions à l'endroit désigné pour l'emplacement du parc de l'armée.

Avant de suivre les divers mouvements de l'artillerie pendant le combat, il faut d'abord préciser les idées que l'on avait sur les effets produits par les nouveaux projectiles, à la suite des dernières expériences faites.

Le cours de l'école d'artillerie d'Auxonne, par suite d'expériences faites à Maubeuge sur les fusils d'infanterie en 1763, estimait que les balles d'infanterie n'étaient meurtrières qu'à partir de

1. GUIBERT, *loc. cit.*, t. I, p. 394.

150 toises (environ 300 mètres). L'artillerie avait par suite peu à craindre de l'infanterie jusqu'à cette distance.

Lors des expériences faites à Strasbourg, sur des buts en planches de 18 toises de long sur 18 pieds de haut (front d'un escadron), on avait obtenu les résultats suivants avec les cartouches à balles :

	CARTOUCHE EMPLOYÉE		DISTANCE	BALLES MISES
			Toises	
Pièces de 12.	A grosses balles.	41	400	7 à 8
		41	350	10 à 11
	A petites balles.	112	300	20 à 25
		112	250	35
		112	200	40
Pièces de 8.	A grosses balles.	41	350	8 à 9
		41	300	10 à 11
	A petites balles.	112	300	25
		112	250	40
Pièces de 4.	A grosses balles.	41	300	8 à 9
		41	250	16 à 18
	A petites balles.	63	200	21
Obusier...	A grosses balles.	61	250	26

Malgré la portée considérable, qui atteignait 880 toises (1700 mètres environ) pour la pièce de 12, sous un angle de 6 degrés seulement, et tout en admettant la possibilité de tirer à cette distance sur de grosses masses quelques coups espacés, on estimait alors que la plus grande portée utilisable à la guerre était de 500 toises (1 000 mètres environ) à cause de la difficulté d'ajuster à une plus grande distance. Les pièces de 4 avaient 500 toises de portée sous un angle de 3 degrés et possédaient à cette distance une justesse suffisante. Des expériences faites à Metz, à plusieurs reprises, avec une batterie comprenant deux pièces de 4, deux pièces de 8 et deux pièces de 12, sur un but de 5 toises de long et 5 pieds 8 pouces de haut placé à 450 toises, avaient permis de constater que la justesse était la même pour les trois calibres employés.

Les obus pointés au delà de 7 degrés s'enterraient et ne ricochaient point. La portée la plus convenable pour l'obusier était 460 toises, l'obus faisant à cette distance sur un terrain propice quatre à cinq ricochets. Contre la cavalerie, on pouvait l'employer à 550 toises.

On peut donc établir approximativement de la façon suivante le mode de tir employé pendant le combat par chaque pièce :

	TIR A BOULETS	TIR A CARTOUCHES à grosses balles	TIR A CARTOUCHES à petites balles
	—	—	—
	Toises	Toises	Toises
Pièces de 12	De 500 à 350	De 350 à 250	A partir de 250
— 8	De 450 à 300	De 300 à 200	— 200
— 4	De 400 à 250	De 250 à 150	— 150
Obusiers.	De 500 à 200	De 250 à 150	— 150

On voit d'après ce tableau, que jusqu'à 700 toises (1 350 mètres environ), l'artillerie n'avait pas grand'chose à craindre de l'artillerie ennemie.

« A cette distance, dit Du Teil, l'on mettra à la prolonge, et plus près si l'on trouve quelques abris ; la plupart des canonniers monteront sur les chevaux, et prenant le galop, l'on arrivera à 400 toises (750 mètres). Au commandement de halte, les chevaux feront demi-tour à droite et retourneront les pièces, qui, à l'instant, entreront en action [1]. »

Les pièces étaient amenées à la prolonge aussi près que possible de l'emplacement définitif de la batterie et menées ensuite à bras d'homme sur la position. « Il faut éviter, dit Du Teil, de placer ses batteries trop tôt, et autant qu'il est possible, ne les montrer que lorsqu'elles doivent entrer en action. » Le même auteur recommandait aussi de ne pas démasquer toutes ses batteries à la fois.

Il est assez difficile de préciser ensuite l'action de l'artillerie pendant la bataille. Les règlements restent dans le vague à ce sujet : Guibert et Du Teil se contentent de fixer quelques principes généraux.

Le premier objectif de l'artillerie devait être l'infanterie ennemie : « Il ne faut avoir égard à l'artillerie, dit Du Teil, qu'autant qu'on ne peut remplir le premier de ces objets (l'infanterie), ou que quand ses effets inquiètent beaucoup les troupes que l'on protège ; il s'ensuit de ce principe qu'il ne faut jamais engager de combat d'artillerie à artillerie, qu'autant que cela est indispen-

1. Du Teil, *loc. cit.*, p. 33.

sable pour soutenir et protéger les troupes, mais, au contraire, qu'il faut avoir pour but principal, ainsi qu'il vient d'être dit, de tirer sur celles de l'ennemi, lorsqu'on peut les détruire ou renverser les obstacles qui les couvrent. Ne s'attacher qu'à éteindre le feu de l'artillerie, c'est consommer inutilement des munitions et chercher en vain la destruction de la batterie. En supposant même qu'on pût y réussir, ce serait n'avoir rien fait, ou fait fort peu, puisqu'il y aurait toujours des troupes à vaincre [1]. »

Dans le cas où ce genre de tir était jugé nécessaire, le tir devait être réparti sur toute la batterie ennemie et non sur les pièces. La consommation des munitions était l'objet de sérieuses recommandations.

« Comme ce n'est point le bruit qui tue, comme l'incertitude des portées augmente en raison de l'éloignement des points qu'on veut battre ou du peu d'attention que l'on donne au pointement, il faut s'attacher à pointer avec exactitude plutôt qu'à tirer avec vitesse ; il faut pointer surtout avec beaucoup d'attention, quand les portées sont éloignées, et augmenter la vivacité de son feu progressivement à la diminution des distances, parce qu'en proportion de cette diminution les coups s'assurent toujours davantage.

« Ce principe n'est pas assez connu des troupes ; leur grand grief contre l'artillerie est toujours qu'elle ne fait pas assez de feu ; la mesure de leur contenance dans une canonnade semble être la quantité de bruit que font les batteries qui les soutiennent. Faute de connaissances, les officiers supérieurs eux-mêmes entretiennent ce préjugé, ils sont les premiers à se plaindre de ce que le canon ne tire pas sans relâche ; et qu'arrive-t-il de là ? C'est que souvent l'officier d'artillerie se laisse entraîner à ces clameurs, perd de vue le principe exposé ci-dessus, tire trop vite et à des portées trop incertaines, fait peu de mal à l'ennemi, le rend par là plus audacieux, consomme inutilement des munitions et finit par s'en trouver dépourvu dans le moment où son feu aurait besoin de devenir le plus vif [2]. »

---

1. Du Teil, *loc. cit.*, p. 50.
2. Guibert, *loc. cit.*, p. 398.

Sur l'emploi des cartouches à balles et des boulets, Guibert s'exprimait ainsi :

« Il est important, dans l'exécution des bouches à feu, de savoir à propos employer le boulet et les cartouches à balle, et de ne pas quitter trop tôt l'un pour se servir de ces dernières, en faveur desquelles on a un préjugé trop généralement avantageux ; car, si elles produisent des effets terribles quand on s'en sert sur des terrains secs, unis, sensiblement horizontaux et à des portées raisonnables et telles qu'elles sont indiquées sur la table que j'ai donnée, il s'en faut bien qu'elles aient des effets aussi certains et aussi décisifs que le boulet, au delà de ces portées ou dans des terrains irréguliers, mous, couverts, plongeants ou plongés.

« Si les distances sont trop grandes, il faut pointer les pièces sous des angles de projection très marqués, et alors la plupart des mobiles s'écartent de la direction principale et passent par-dessus le but qu'on devait atteindre.

« Si les terrains ne sont pas favorables, la plus grande partie des balles est interceptée et amortie. Dans ces dernières circonstances, il faut donc indubitablement préférer l'usage du boulet ; le boulet atteint de beaucoup plus loin, s'écarte moins de sa direction, ricoche, va frapper la seconde ligne quand il manque la première, renverse les obstacles, épouvante par le bruit et présente aux nouveaux soldats des blessures plus effrayantes. Je détaille les raisons de cette maxime, parce qu'elle est contraire à l'opinion reçue dans nos troupes. Faute de réflexion, faute d'officiers assez instruits pour détruire des préjugés de routine accrédités parmi elles, je les ai presque toujours entendues se plaindre de ce que notre artillerie ne tirait pas à cartouches, assez, et d'assez loin, et citer les effets de l'artillerie étrangère, qui en fait mal à propos un grand usage, et à des portées excessives (1). »

Enfin, Guibert conclut son étude sur la tactique de l'artillerie par quelques considérations sur la protection des pièces par l'infanterie :

« On ne doit pas abandonner mal à propos l'artillerie ni crain-

1. Guibert, *loc. cit.*, p. 400.

dre mal à propos de la perdre. Cette maxime est si importante, si faussement étendue, si peu mise en pratique, qu'elle a besoin d'être développée.

« Il faut que les troupes contractent l'habitude de ne pas abandonner trop légèrement le canon et qu'elles attachent une sorte de point d'honneur à ne pas le perdre, parce qu'alors l'artillerie, ayant confiance dans les troupes qui la soutiennent, se comportera avec plus de vigueur et se croira en quelque sorte obligée, par reconnaissance, à se comporter ainsi. Il faut que l'artillerie, de son côté, s'accoutume à manœuvrer avec hardiesse, à se hasarder et à se soutenir dans des emplacements avancés, à ne pas regarder si on la soutient, quand ses effets sont décisifs et meurtriers, à n'abandonner ses pièces que quand l'ennemi est, pour ainsi dire, dans sa batterie, puisque c'est l'exécution de ces dernières décharges qui est la plus terrible; il faut qu'elle attache son point d'honneur non à conserver ses machines, qui ne sont au bout du compte que des engins faciles à remplacer, mais à les faire jouer le plus efficacement et le plus longtemps possible. Si ces pièces sont prises, ce n'était pas aux soldats d'artillerie, qui n'en sont que les agents, à les défendre, c'est aux troupes à les reprendre, ou, dans une autre occasion, à remplacer leur perte. En un mot, c'est à l'officier général qui commande, à cet homme qui doit tout voir de sang-froid et sans erreur, à se servir des préjugés des troupes, de ceux de l'artillerie, de son autorité enfin, pour, suivant les circonstances, exposer le canon, le sacrifier ou le conserver. C'est à lui de calculer qu'en telle occasion, il faut ramener le canon, soit pour aller prendre ailleurs une position meilleure, soit pour que le soldat découragé ne prenne la retraite pour une fuite; qu'en telle occasion, il faut l'exposer pour qu'il nuise plus longtemps et plus efficacement à l'ennemi; qu'en telle autre enfin il faut le laisser prendre, parce qu'il en coûterait trop de sang ou un temps trop précieux pour le défendre; et parce que, après tout, à la guerre, il n'y a pas de honte à faire ce qu'il est impossible d'éviter (1). »

On voit par ces quelques extraits des deux maîtres sous lesquels

1. Guibert, *oc. cit.*, p. 401.

étudiait à ce moment Bonaparte que ni l'un ni l'autre n'avaient vu clairement le rôle qu'allait jouer l'artillerie dans les guerres futures. Pour Guibert en particulier, l'artillerie n'est toujours qu' « un accessoire de l'infanterie, quelque chose comme un fusil plus perfectionné, mais plus lourd, et plus encombrant ». Bien que consacrant un chapitre particulier de son vaste ouvrage à la « tactique de l'artillerie », il ne la considère pas encore comme une arme spéciale. Il n'est d'ailleurs pas un partisan enthousiaste de l'artillerie de Gribeauval et il déplore l'emploi d'une artillerie trop nombreuse.

Du Teil connaît mieux son arme et apprécie à une plus juste valeur les avantages du nouveau matériel et les obligations nouvelles qu'il impose à l'officier d'artillerie : une plus grande science du terrain et une plus grande audace sur le champ de bataille devront être exigées désormais des officiers d'artillerie.

Ni dans Guibert, ni dans Du Teil, nous ne trouvons d'indications précises sur les manœuvres de l'artillerie comme arme indépendante : il fallait attendre les révélations apportées par le premier usage de l'artillerie nouvelle en 1792. Mais, à vrai dire, la tactique qui s'applique au nouveau matériel ne fut établie qu'à la suite de la création de l'artillerie à cheval, qui donna enfin une artillerie légère à notre armée, et à la suite aussi seulement de la suppression des canons de bataillons, qui sépara pour toujours l'artillerie de l'infanterie. En 1789, il n'y a pas encore, à proprement parler, une tactique d'artillerie.

TABLE DES MATIÈRES

Nancy, impr. Berger-Levrault et Cie.

Emploi de l'Artillerie de campagne à tir rapide, par le lieutenant-colonel Gabriel Rouquerol, sous-chef d'état-major du 6e corps d'armée. 2e tirage. 1903. Un volume in-8 de 365 pages, avec figures, broché . . . . 5 fr.

— **Organisation de l'Artillerie de campagne à tir rapide,** par le même. 1902. Un volume in-8 de 311 pages, broché . . . . 5 fr.

— **L'Artillerie dans la bataille du 18 août.** *Essai critique de considérations sur l'artillerie de campagne à tir rapide,* par le même. 1906. Un volume in-8, avec 7 croquis panoramiques, et 7 plans avec 18 transparents, broché . . . . 12 fr.

L'Artillerie au début des guerres de la Révolution, par G. Rouquerol, chef d'escadron au 16e régiment d'artillerie. 1898. Un volume in-8, broché. . . . . . 4 fr.

Les Exercices de service en campagne dans le groupe de batteries, par G. Aubrat, chef d'escadron d'artillerie. 1907. Un volume in-8 de 595 pages, avec figures et 2 planches hors texte, broché . . . . 10 fr.

L'Artillerie de campagne (1792-1901). *Étude technique et tactique,* par le lieutenant J. Campana, du 11e régiment d'artillerie. *Artillerie lisse. Artillerie rayée. Artilleries française et allemande en 1901.* Un volume in-8 de 423 pages, avec un portrait de Gribeauval, 24 figures et 4 cartes, broché . . . . 5 fr.

Leçons d'Artillerie conformes au programme de l'École militaire de l'artillerie et du génie de Versailles. — *Propriétés de la poudre et des explosifs. Notions de balistique théorique et expérimentale. Effets des projectiles. Pointage et réglage du tir,* par le commandant E. Girardon, professeur à l'École militaire de l'artillerie et du génie. 2e édition, complétée et mise à jour. 1899. Un volume in-8 de 406 pages, avec 210 figures, broché. . . . . 7 fr. 50

Organisation du Matériel d'artillerie. *Bouches à feu, Projectiles, Gargousses, Fusées, Étoupilles, Affûts, Voitures, Armes portatives, etc.,* par le même. 2e édition, complétée et mise à jour par le capitaine de La Garde, professeur à l'École militaire de l'artillerie et du génie. 1903. Un volume in-8 de 502 pages, avec 383 figures, broché. 10 fr.

Les Progrès de l'Artillerie de campagne moderne, par le général H. Rohne. Traduit de l'allemand par E. Frique, lieutenant-colonel d'artillerie. 1905. Un volume in-8 de 77 pages, broché . . . . 2 fr. 50

L'Artillerie de campagne française, par le même. Traduit de l'allemand par le capitaine F.-L.-J. 1903. Un volume in-8 de 164 pages, broché. . . . . 2 fr. 50

Influence du Bouclier sur le développement du matériel de campagne et sur la tactique de l'artillerie, par le général von Reichenau. Traduit de l'allemand par le capitaine d'artillerie L. Fossat. 1905. In-8 de 59 pages, broché. . . . . . 2 fr.

La Campagne de Chine (1900-1901) et le matériel de 75, par V. Tariel, lieutenant-colonel d'artillerie. 1902. Un volume in-8 de 109 pages, avec 12 figures et une carte spéciale hors texte, broché . . . . 2 fr. 50

L'Artillerie japonaise, par M. C. Curey, capitaine d'artillerie. 2e édition. Avec une préface du général de division Lebon, commandant le 1er corps d'armée. 1906. Un volume in-8 de 183 pages, avec 75 figures, 2 cartes et 3 planches, broché. . . . 5 fr.

Loisirs d'Artilleur. *Le nombre et la valeur dans le combat moderne. — Études de géométrie. — Théorème de Pascal dans l'espace. — La loi d'entropie. — Les télémètres. — Étude sur les erreurs d'observation. — Essai sur l'art de conjecturer. — Causerie sur la tactique à l'usage de l'artillerie,* par J. E. Estienne, chef d'escadron d'artillerie. 1906. Un volume in-8 de 310 pages, avec figures, broché. . . . . . 5 fr.

Causerie sur la Tactique, à l'usage de l'Artillerie, par J. E. Estienne, chef d'escadron d'artillerie. 1906. In-8, broché. . . . . 75 c.

De l'Emploi du canon de 75 en campagne, par M. Wallut, chef d'escadron d'artillerie. 1906. In-8, broché. . . . . 75 c.

Éclaireurs d'Artillerie. *Leur instruction spéciale. Leur emploi,* par P. Fontanez, lieutenant d'artillerie. 1906. In-8, broché . . . . 1 fr.

Le Tir masqué, par J. Challéat, capitaine d'artillerie. 1906. In-8, avec 6 fig., br. 75 c.

Notes sur le Canon de 75 et son Règlement, *à l'usage des officiers de toutes armes.* Matériel, Manœuvre, Tir, par le lieutenant Moulière, de l'artillerie de la 3e division de cavalerie. 1906. Un volume grand in-8, avec 40 figures, broché . . . . 2 fr.

Nancy, impr. Berger-Levrault et Cie

www.ingramcontent.com/pod-product-compliance
Ingram Content Group UK Ltd.
Pitfield, Milton Keynes, MK11 3LW, UK
UKHW021053200726
13857UKWH00003B/907